今日から使える！
組合せ最適化
離散問題ガイドブック

穴井 宏和
斉藤 努

日々の生活を思い返してみると、ほとんどの活動において何かしらの判断と選択が必要とされていないだろうか。スケジュールを立てたり移動の経路を決めたりといった日常の行動から業務における企業戦略の策定まで、誰もが何らかの活動を行うときには（意識的か無意識的かはともかく）必ず意思決定が伴ってくる。そこでは、さまざまな制約のもとで多くの選択肢の中から何らかの基準で最善と思われるものを（限られた時間で）選択している。これを「最適化問題」と考えることもできる。

本書で扱うのは、最適化問題の対象を数式で記述し数理的な計算手法で最善策を求める「数理最適化」である。その中でも、ものの組合せや順番のようないくつかの選択肢の中からある評価尺度に基づいて最もよいものを求める「組合せ最適化」をガイドすることに焦点を絞る。本書では、組合せ最適化を使いこなすために拠り所となる土台を提供することを目的とする。すなわち、最適化を使う立場で知っておくべき組合せ最適化の理論およびアルゴリズムに関する必要最小限の内容を厳選し、それらを体系的に整理して示すことに配慮した。

講談社

はじめに

　日々の生活を思い返してみると，ほとんどの活動において何かしらの判断と選択が必要とされていないだろうか．スケジュールを立てたり移動の経路を決めたりといった日常の行動から業務における企業戦略の策定まで，誰もが何らかの活動を行うときには (意識的か無意識的かはともかく) 必ず意思決定が伴ってくる．そこでは，さまざまな制約のもとで多くの選択肢の中から何らかの基準で最善と思われるものを (限られた時間で) 選択している．これを「最適化問題」と考えることもできる．

　本書で扱うのは，最適化問題の対象を数式で記述し数理的な計算手法で最善策を求める「数理最適化」である．その中でも，ものの組合せや順番のようないくつかの選択肢の中からある評価尺度に基づいて最もよいものを求める「組合せ最適化」をガイドすることに焦点を絞る．本書では，組合せ最適化を使いこなすために拠り所となる土台を提供することを目的とする．すなわち，最適化を使う立場で知っておくべき組合せ最適化の理論およびアルゴリズムに関する必要最小限の内容を厳選し，それらを体系的に整理して示すことに配慮した．

　これにより，実問題を組合せ最適化問題として定式化し，適切なアルゴリズムを選択し課題を解決する道筋がつくことを期待している．

　本書の心がけたことは，以下のようにまとめられる．

▷ 組合せ最適化を俯瞰し全体の体系的な理解ができるように，章の最初や随所に学ぶ内容を図や表で整理する．

▷ 数ある組合せ最適化の問題とアルゴリズムのうち，最適化を理解する上で欠かせないものと実用上で有用と思われる観点で知っておくべき必要最小限のものを厳選する．

▷ アルゴリズムの技術的に深い議論には入り込みすぎず理論の骨子の理解を眼目とする．
▷ 発展した学習に進みたい読者に向けて和文で書かれ市販されている参考文献を示す．

　これらの方針は，もう1つの数理最適化である「連続最適化」を扱っている姉妹書『数理最適化の実践ガイド』を踏襲している．姉妹書とともに本書がより専門的な内容に接近するための手引の役割も果たすことができれば，望外の喜びである．

　各章の内容は以下の通りである．第1章では，組合せ最適化を学ぶために必要なさまざまな基礎概念を紹介する．第2章では，組合せ最適化の問題を俯瞰した後，各々の問題について数理モデルを導入し，求解のためのアルゴリズムと応用事例を示す．第3章では，第2章で登場した組合せ最適化問題を解くためのアルゴリズムの概略を説明する．各アルゴリズムの理解を助けることを目的として，Pythonによるプログラムを（株）講談社サイエンティフィクのウェブサイト (http://www.kspub.co.jp/) の本書のページで公開している．第4章では，筆者らの経験をもとに実問題を解決するために最適化を利用する際の考え方をまとめた．

　本書の執筆にあたりたくさんのご支援を頂いた．東京海洋大学の久保幹雄先生，（株）富士通研究所の岩根秀直氏，松井由信氏，（株）構造計画研究所の山田裕通氏，岩城信二氏，千代竜佑氏には，原稿を細部にわたってチェックしていただき，多くの有益なコメントをいただいた．

　また，これまでに携わってきた業務や研究開発において，実問題解決に向け多くの実務家，エンジニア，そして研究者とともにした経験が本書の構想の礎となっている．この場を借りて感謝の意を表したい．

　終わりに，本書の企画から執筆および出版にあたって，ひとかたならぬお世話になった（株）講談社サイエンティフィクの瀬戸晶子さんに深く感謝する．

2015年6月

穴井宏和・斉藤努

目次

はじめに iii

第1章 組合せ最適化の基礎 1

1.1 最適化・組合せ最適化とは 4
- 1.1.1 一般的定義と基本用語 5
- 1.1.2 最適化問題の分類 8

1.2 組合せ最適化問題への接近 13
- 1.2.1 最適化適用の流れ 14
- 1.2.2 緩和問題と双対問題 17

1.3 組合せ最適化に必要な基本概念 21
- 1.3.1 グラフ理論 22
- 1.3.2 離散凸解析 25

1.4 組合せ最適化問題の複雑さ・難しさ 29
- 1.4.1 アルゴリズムの計算量 31
- 1.4.2 計算量とアルゴリズムの分類 31
- 1.4.3 計算の複雑さと問題の難しさ 32
- 1.4.4 複雑性クラスと組合せ最適化問題 35

第2章 組合せ最適化問題の体系 37

2.1 組合せ最適化を俯瞰する 40
2.2 組合せ最適化の類型: 標準問題 42
- 2.2.1 グラフ問題・ネットワーク問題 42
- 2.2.2 経路問題 55
- 2.2.3 集合被覆問題 59
- 2.2.4 スケジューリング問題 61
- 2.2.5 切出し・詰込み問題 67
- 2.2.6 配置問題 70
- 2.2.7 割当問題・マッチング問題 73

第3章 組合せ最適化のアルゴリズム ……… 83

- 3.1 グラフ・ネットワーク問題のアルゴリズム ……… 86
  - 3.1.1 ダイクストラ法 ……… 86
  - 3.1.2 フロー増加法 (フォード・ファルカーソン法) ……… 87
  - 3.1.3 負閉路除去法 ……… 88
- 3.2 マッチング問題のアルゴリズム ……… 89
  - 3.2.1 エドモンズ法 ……… 89
  - 3.2.2 ハンガリー法 ……… 91
- 3.3 線形最適化 ……… 93
  - 3.3.1 シンプレックス法 ……… 94
  - 3.3.2 内点法 ……… 98
- 3.4 混合整数最適化 ……… 101
- 3.5 厳密解法 ……… 102
  - 3.5.1 分枝限定法 ……… 102
  - 3.5.2 動的最適化 ……… 103
- 3.6 近似解法 ……… 104
  - 3.6.1 貪欲法 ……… 105
  - 3.6.2 局所探索法 ……… 107
  - 3.6.3 メタヒューリスティックス ……… 108
  - 3.6.4 列生成法 ……… 110

第4章 実問題に臨む考え方 ……… 113

- 4.1 最適化による問題解決の心得 ……… 116
- 4.2 実例と標準問題とアルゴリズム ……… 119
- 4.3 数理モデルの記述 ……… 122

関連図書 ……… 125

索 引 ……… 127

第1章
組合せ最適化の基礎

この章では，まず「組合せ最適化」について理解するために最低限必要な用語や概念を導入し，組合せ最適化とは何かを説明する．次に，組合せ最適化問題をどう活用するのか，どのような方針で解くのか基本的な考え方について概説する．さらには，各種の組合せ最適化問題を分類の仕方や最適化問題の「複雑さ」の概念についても解説する．

　種々さまざまな組合せ最適化の問題を，体系的に整理し理解することが，本書の大きな目標の1つである．

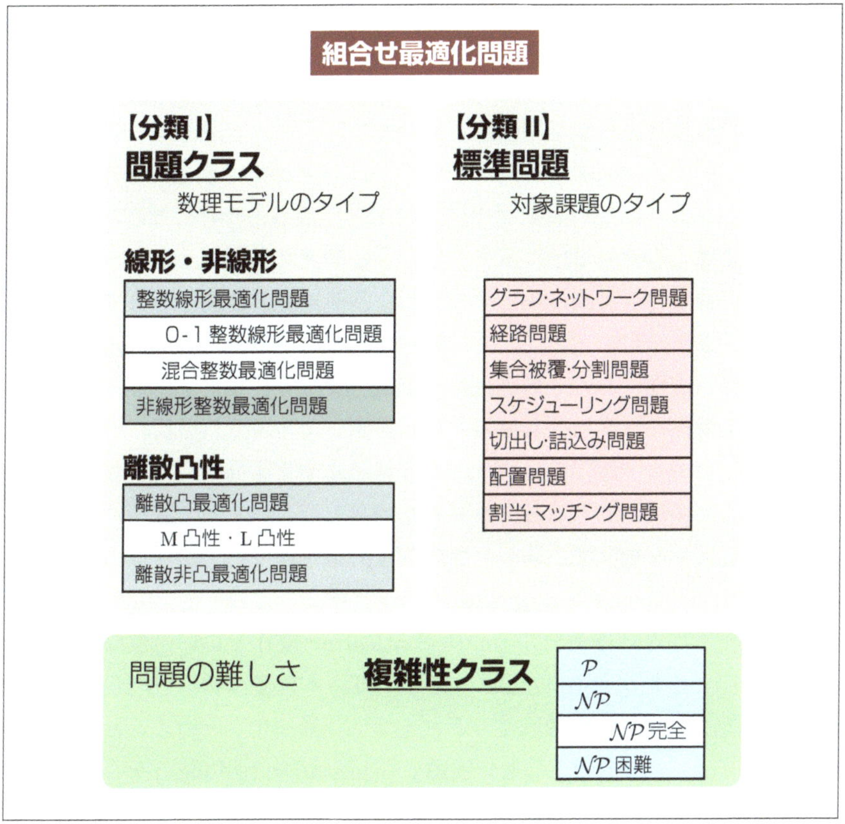

組合せ最適化問題

【分類 I】問題クラス
数理モデルのタイプ

線形・非線形
- 整数線形最適化問題
- 0-1 整数線形最適化問題
- 混合整数最適化問題
- 非線形整数最適化問題

離散凸性
- 離散凸最適化問題
- M凸性・L凸性
- 離散非凸最適化問題

【分類 II】標準問題
対象課題のタイプ

- グラフ・ネットワーク問題
- 経路問題
- 集合被覆・分割問題
- スケジューリング問題
- 切出し・詰込み問題
- 配置問題
- 割当・マッチング問題

問題の難しさ　複雑性クラス
- $\mathcal{P}$
- $\mathcal{NP}$
- $\mathcal{NP}$完全
- $\mathcal{NP}$困難

図 1.1　組合せ最適化の分類のあらまし

1.1　最適化・組合せ最適化とは

　本書の主役は「組合せ最適化 (combinatorial optimization)」である．組合せ最適化は，最適化 (optimization) の一種であるので，まず最適化とは何かを説明する．最適化とは，一言でいうと，さまざまな制約のもとで，数ある可能な選択肢の中から何らかの観点で最適な選択を決定 (意思決定) することである．

　今や最適化は，データや情報の利活用のための欠かせない技術として，日常の生活のありとあらゆる場面にさまざまなレイヤーで浸透している．

　例えば，ものづくり領域で日々向き合っている課題は，製品の高性能化，製造過程の効率化，コスト削減，歩留り向上など，最適化の考え方そのものといえる．対象は「もの」だけに留まらない．ビジネス現場では，小売店における商品の最適な発注計画の策定や効率的な物流ルートの決定，金融資産の運用などサプライ・チェーン・マネジメント (supply chain management:SCM) に関わる経営課題において最適化は必須技術である．また，災害時の復旧スケジュール計画の立案，公共施設の配置計画，エネルギー需給バランスの制御などの社会的な課題での最適化の重要性がますます高まっている．

　このように多岐にわたる分野の課題を対象とし，いずれの課題に対しても対象となる問題を数式で記述し，数理的な計算手法で最善策を求めることを数理最適化 (mathematical optimization) と呼ぶ．このとき，対象を数式にて記述したものを数理モデル (mathematical model) といい，数理モデルを作成することを定式化 (formulation) という．本書では特に数理最適化を取り扱うので，以降，数理最適化のことを単に「最適化」と呼ぶことにする．

　最適化では，対象問題を最適化問題 (optimization problem) として定式化する．目的や目標が存在し，目的をどれだけ達成しているかを表す指標を数式で記述する．この目的達成度を表す指標を目的関数 (objective function) と呼ぶ．目的を達成するために選択する量を表した変数を決定変数 (decision variable) という．目的関数は，決定変数の関数になっている．多くの場合，いろいろな条件が課されており，それらの条件を制約条件 (constraint) といい，制約条件が決定変数のとり得る領域を制限する．ここで，改めて，最適

化問題とは「決定変数 x のうち与えられた制約条件をすべて満足し，目的関数 $f(x)$ の値が最小あるいは最大になるような x の値を見つける問題」といえる．最適化問題の解 x を最適解 (optimal solution) という．最適化問題の決定変数が 0 か 1，あるいは整数値のような離散的な値をとる場合に組合せ最適化問題 (combinatorial optimization problem) と呼ぶ．最適化問題のさまざまな種類については，1.1.2 項にてまとめて紹介する．

数理最適化では最適化問題を数学的に表現することを基本とし，それにより数理的な解決手法，すなわちアルゴリズムの構築へとつながり，コンピュータを活用して最適解を系統的に求めることが可能となる．

> **注 1.** 数理最適化は，数理計画法 (mathematical programming) とも呼ばれることも多く，「計画」という語は，さまざまな最適化の種類の呼称においても用いられている (例えば，線形計画法，混合整数計画法など)．近年の関係学会での趨勢として「計画 (programming)」を「最適化 (optimization)」といい換えることが推奨されている．本書では，この流れに沿って，例えば線形最適化，混合整数最適化という呼び方を採用する．

1.1.1 一般的定義と基本用語

目的関数 f と制約条件が決定変数 $\boldsymbol{x} = (x_1, \ldots, x_n)$ の関数として定式化されているとすると最適化問題は一般に以下のように表現される．

最適化問題

$$\begin{aligned} &\text{目的関数:} \quad f(\boldsymbol{x}) \quad \to \text{最小 (あるいは最大)} \\ &\text{制約条件:} \quad \boldsymbol{x} \in S \end{aligned} \tag{1.1}$$

制約条件によって制限された $\boldsymbol{x}$ のとり得る領域 S を実行可能領域 (feasible region) という．$S \subseteq \mathbb{R}^n$ または $S \subseteq \mathbb{Z}^n$ であり，各々の決定変数の値 $\boldsymbol{x} \in S$ を実行可能解 (feasible solution) という．ここで，$\mathbb{R}$ は実数の集合，$\mathbb{Z}$ は整数の集合を表す．目的関数 $f(\boldsymbol{x})$ は実数値あるいは整数値をとる関数

$$f : S \longrightarrow \mathbb{R} \text{ or } \mathbb{Z}$$

である．実行可能解のうち目的関数が最小 (あるいは最大) となるものが最適解 (optimal solution) である．最適解を x^* とすると，そのときの目的関数の値 $f^* = f(x^*)$ を最適値 (optimal value) という．

通常，実行可能領域 S は，等式や不等式を用いて以下のように与えられる．

制約つき最適化問題

$$\begin{array}{ll} 目的関数: & f(\boldsymbol{x}) \quad \rightarrow 最小 (あるいは最大) \\ 制約条件: & g_i(\boldsymbol{x}) \leq 0 \quad (i = 1, 2, \ldots, \ell) \\ & h_j(\boldsymbol{x}) = 0 \quad (j = 1, 2, \ldots, m) \end{array} \quad (1.2)$$

制約条件のある最適化問題を特に制約つき最適化問題 (constrained optimization problem) と呼び，制約条件がない場合 (すなわち $S = \mathbb{R}^n$ または $\mathbb{Z}^n$ の場合) を制約なし最適化問題 (unconstrained optimization problem) と呼ぶ．また，制約条件に現れる $g_i(\boldsymbol{x}), h_j(\boldsymbol{x})$ を制約関数 (constraint function) という．改めて，決定変数 $\boldsymbol{x}$ が離散的な値をとる場合，すなわち実行可能領域 S が組合せ的な構造をもつ場合に (1.1) や (1.2) は組合せ最適化問題と呼ばれる．一方，決定変数 $\boldsymbol{x}$ が連続的な値をとる場合には，連続最適化問題 (continuous optimization problem) と呼ばれる．

> **注 2.** $f(\boldsymbol{x})$ の最大化を求める最適化問題は，目的関数を $-f(\boldsymbol{x})$ とすることによって最小値を求める最適化問題に変換できる．本書の説明において，最小化を考えているか最大化を考えているかによって不等号の向きが反対になる場面があるが，特に断らない限りは最小化する問題を考えた上での記述としている．

大域的最適解と局所的最適解

目的関数を最小化する最適化問題において，以下の条件を満足する実行可能解 $x \in S$ を大域的最適解 (globally optimal solution) と呼ぶ．

$$f(\boldsymbol{x}) \leq f(\boldsymbol{x}'), \quad \forall \boldsymbol{x}' \in S \quad (1.3)$$

実行可能解 $\boldsymbol{x} \in S$ に少しの変形を加えることによって得られる ($\boldsymbol{x}$ を含む) 実行可能解の集合を $N(\boldsymbol{x})$ とする．一般に $N(\boldsymbol{x}) \subset S$ を $\boldsymbol{x}$ の近傍 (neighborhood) と呼ぶ．このとき，

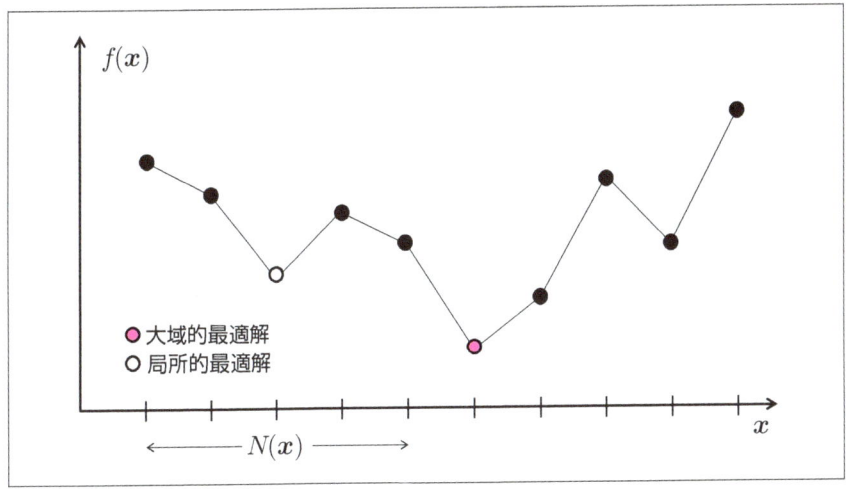

図 1.2 2 つの最適解

$$f(x) \leq f(x'), \quad \forall x' \in N(x) \tag{1.4}$$

を満足する実行可能解 $x \in N(x)$ は局所的最適解 (locally optimal solution) という (厳密には，近傍 N に関する局所的最適解である).

　最適化では，大域的最適解が求まることが理想ではあるが，現実問題では複雑な定式化になったり変数の数が膨大になったりと大域的最適解を求めることが困難な場合も多い．そのため，問題を解くために許される時間を考慮して，近傍を適当に決めて局所的最適解を求めることで，時間制約の中で現実的な目的関数値を得ることを目指すこともしばしばである．

> **注 3.** 本書では扱わないが，最適化問題において目的関数を複数考えたい場合がある．そのような最適化問題を多目的最適化問題 (multi objective optimization problem) という．目的関数を 1 つだけ考慮して最適化する問題を特に単目的最適化問題 (single objective optimization problem) という．
>
> 　多目的最適化が現れる状況の例としては，ものづくりにおいて，製品の軽量化と同時に強度も向上させたいような場合を考えるとよい．重量と強度という 2 つの指標が目的関数となるが，一般に軽量化を進めれば強度が低くなる．つまり各目的関数の間に一方をよくすると他方が悪くなるというトレードオフ (trade-off) の関係が存在する．この場合は，トレードオフ関係のもとで 2 つの目的関数をこ

1.1 最適化・組合せ最適化とは

れ以上同時に改善できない境界の部分が最適解の候補となる．それらをパレート解 (Pareto solution) という．一般にパレート解は1つに定まらず集合となり，トレードオフの関係性を把握した上で，どちらの目的関数を重視するかというユーザの意思を反映し最良の解を決定することになる．多目的最適化について，詳しくは文献 [6,7] を参照されたい．

1.1.2 最適化問題の分類

　最適化問題にはさまざまな種類の問題があり，初学者が戸惑うのはそれら多くの最適化問題がどういう関係なのか把握できない点である．分類された各々の最適化問題を，最適化問題のクラス (class) と呼ぶ．ここでは，最適化問題をどういう切り口で問題クラスに分類しているのか説明し，最適化問題クラスの体系を把握することを目的とする．

　最適化問題のクラス分けの軸となるのは大きく以下の3つである．

- 連続・離散 [決定変数]
- 線形・非線形 [目的関数，制約関数]
- 凸・非凸 [目的関数，制約関数]

それぞれについて以下で説明する．最適化問題の分類の全体像は図 1.3 に示す．適宜参考にしながら読み進めてほしい．

連続・離散 [決定変数]

　すでに紹介したように，決定変数が連続値をとるのか離散値をとるのかによってそれぞれ

- 連続最適化問題
- 組合せ最適化問題

に分類される．組合せ最適化問題は，連続に対する言い方として**離散最適化問題** (discrete optimization problem) とも呼ばれる．組合せ最適化問題のうちすべての決定変数が整数として定義される問題を

- 整数最適化問題 (integer optimization problem)

という．また，特に，決定変数が0か1として定義される場合に，0-1 整数最適化問題という．連続値をとる変数と離散値をとる変数が両方含まれる問

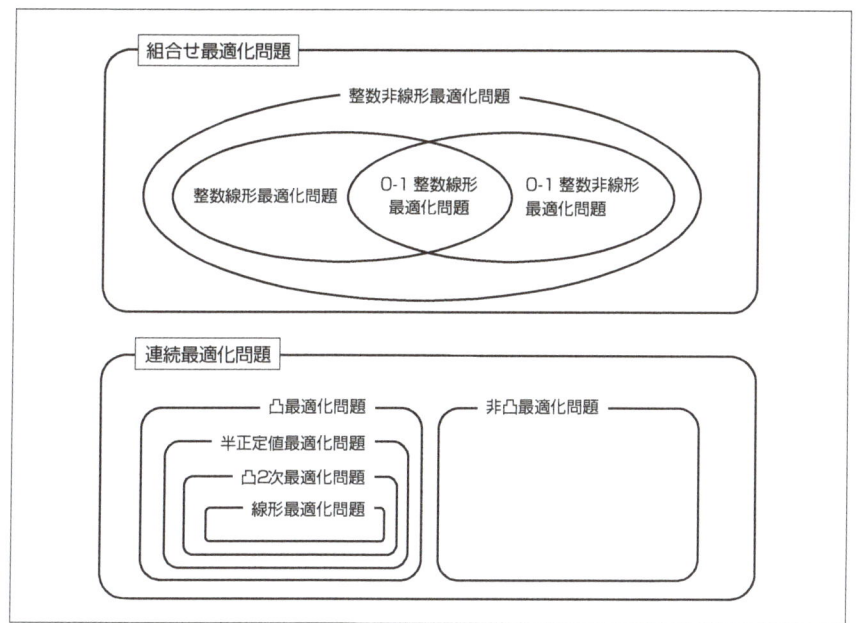

図 1.3 最適解問題の分類

題を
・混合整数最適化問題 (mixed integer optimization problem)

といい，これも組合せ最適化問題に分類される．

　連続最適化問題と組合せ最適化問題の分類が最初の分類軸で，それぞれについて以下の2つの軸による分類がなされる．分類された各問題クラスの相互関係が連続最適化問題と組合せ最適化問題では異なり，それぞれ少し複雑なため 図.1.3 で確認されたい．

線形・非線形 [目的関数，制約関数]

　目的関数が線形関数で制約条件が線形の方程式や不等式で与えられる場合
・線形最適化問題 (linear optimization problem)

といい，目的関数や制約関数が線形とは限らない場合に
・非線形最適化問題 (nonlinear optimization problem)

という．非線形最適化問題の中で，特に，目的関数が2次式で定義され制約

関数が線形の場合は

・2次最適化問題 (quadratic optimization problem)

と呼ばれる．

凸・非凸 [目的関数，制約関数]

最適化問題で重要な分類軸として凸・非凸がある．最適化においては，凸性 (convexity) は重要な性質で，凸関数の理論や凸解析による理論体系が整備され，理論・アルゴリズムとも大きな恩恵を得ている．

組合せ最適化の場合の凸性 (離散凸性 (discrete convexity) という) については，連続最適化の凸性の離散版として研究されてきている．詳細は本書の範囲を超えると思われるため，簡単に1.3.2項にて紹介するに留める．

ここでは，凸性の定義と意義を理解することを目的として，連続最適化の場合の凸性を紹介する．

連続最適化の場合，凸であることは以下で定義される．関数 f に対して，任意の $x, y \in \mathbb{R}^n$，任意の $\alpha(0 \leq \alpha \leq 1)$ について

$$x, y \in \mathbb{R}^n, 0 \leq \alpha \leq 1 \Rightarrow f(\alpha x + (1-\alpha)y) \leq \alpha f(x) + (1-\alpha)f(y) \quad (1.5)$$

が成り立つとき，f を凸関数 (convex function) という (図1.4 参照).

また，集合 $S \in \mathbb{R}^n$ に対して，任意の $x, y \in S$，任意の $\alpha(0 \leq \alpha \leq 1)$ について

$$x, y \in S, 0 \leq \alpha \leq 1 \Rightarrow (\alpha x + (1-\alpha)y) \in S \quad (1.6)$$

が成り立つとき，S を凸集合 (convex set) という．図1.5は，凸集合の例である．大雑把にいうと，凸であるとは目的関数や可能領域が凹んだりデコボコしたりしていない状況であるということである．

連続最適化問題は凸性を軸として2つに分けられる．実行可能領域 S が凸集合で，目的関数 f が S を含む凸集合上で凸関数である場合を

・凸最適化問題 (convex optimization problem)

といい，実行可能領域あるいは目的関数が凸性をもたない場合には

・非凸最適化問題 (nonconvex optimization problem)

と呼ぶ．

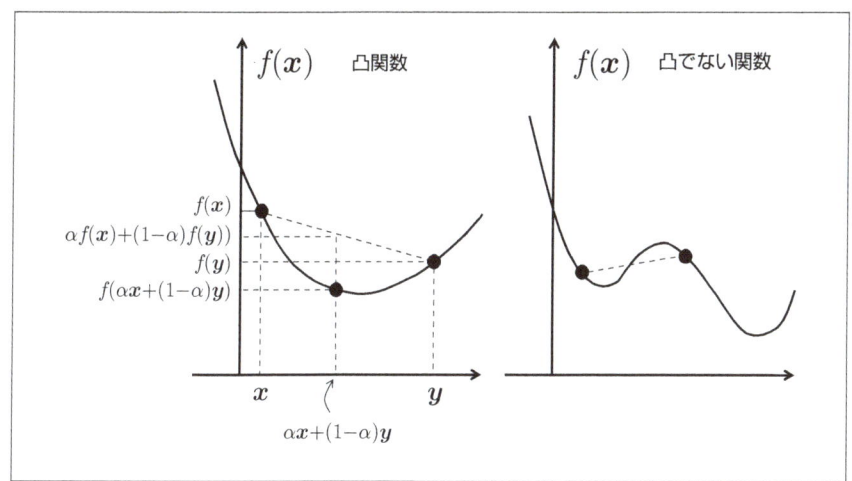

図 1.4　凸関数

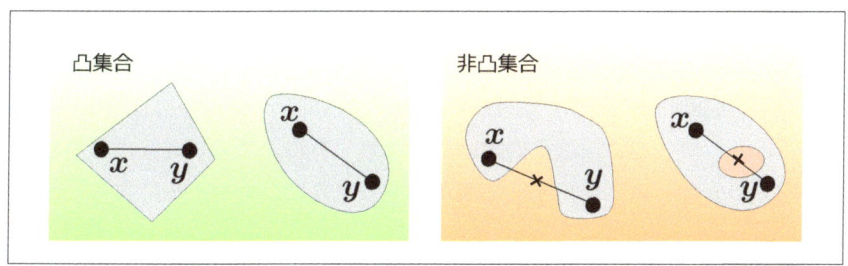

図 1.5　凸集合・非凸集合の例

　ここで，凸最適化問題の最大の特徴は，局所的最適解と大域的最適解が一致することである．これは，問題が連続最適化であるか組合せ最適化であるかによらず同様に成立する．これにより凸最適化問題は，理論的にも実際の計算上も取り扱いやすい問題クラスとなっている．

最適化問題クラスの関係

　上記の分類軸に基づいて分類された代表的な最適化問題とそれらの包含関係を示したのが図 1.3 である．問題クラスの関係を把握するための留意点をいくつかまとめておく．

- 最初の分類として，連続最適化問題と組合せ最適化問題で分かれ，それぞれが線形性と凸性でさらに分類される．線形性と凸性での分類の相互関係については以下でも触れるがやや注意を要する．
- 連続最適化問題においては，凸最適化問題の範囲がよく知られている．連続最適化問題の凸最適化問題には線形最適化問題だけでなく，非線形最適化問題のいくつかのクラスが含まれていることに注意を要する．すなわち，非線形最適化問題でも凸性をもつ問題があるということである．例えば，2次最適化問題のうち凸なクラスは凸 2 次最適化問題 (convex quadratic optimization problem) と呼ばれる．または，半正定値最適化問題 (semidefinite optimization problem) もそのような例である．
- 組合せ最適化問題の場合，代表的な問題クラスとして整数最適化問題と混合整数最適化問題が参照されており，整数最適化問題では，その中でいくつかの部分クラスが存在する．しかし，図 1.3 の組合せ最適化の分類には，離散凸性によるクラス分けは書かれていない．

　離散凸解析の範疇でとらえられる組合せ最適化の具体的な問題はいくつか (例えば第 2 章で紹介する最短路問題やマッチング問題など) わかってきているものの，連続最適化問題とは異なり，今のところ図 1.3 にあるほかの軸での分類との関係性として明示できるものではないためである．

　本書では，組合せ最適化問題に絞って最適化の問題とその解法を紹介していく．ただし，決定変数が連続の場合の線形最適化問題について 3.3 節で説明する．(連続) 線形最適化問題は，最適化の最も基本的な問題であり，そこで学ぶ概念 (例えば，主・双対性) やアルゴリズムの考え方は，多くの組合せ最適化問題に対するアルゴリズムの基礎を与えるからである．

　ほかの連続最適化については，まず文献 [6] にて概要をつかみ，その中で紹介されている詳しい専門書に進むことをお勧めする．

注 4．半正定値最適化問題については，連続最適化問題であり本書では扱わないが凸最適化問題の 1 つとして大変興味深い分野である．興味のある読者は凸最適化とあわせて文献 [8] を参照されたい．

注 5. 本書で取り上げない組合せ最適化問題の 1 つとして充足可能性問題 (satisfiability problem: SAT) がある．充足可能性問題は，与えられた命題論理式の充足可能性を判定する問題であり，1 つの命題論理式が与えられたとき，それに含まれる変数 (論理変数) の値を真 (true) あるいは偽 (false) にうまく定めることによって全体の論理式の値を真にできるかを問う問題である．通常，入力の論理式は

$$(x_1 \vee x_2) \wedge (x_1 \vee \bar{x}_2) \wedge (\bar{x}_1 \vee \bar{x}_2)$$

のような連言標準形 (conjunctive normal form) である．この例では論理変数は x_1, x_2 で，$\bar{x}_1, \bar{x}_2$ はそれぞれの否定である．論理変数またはその否定のことをリテラル (literal) という．入力の論理式の中の各論理和の部分を節 (clause) といい，節に現れるリテラルの数がたかだか k 個の場合，特に，k-SAT 問題 (k-SAT problem) と呼ぶ．SAT は，論理合成，システム検証などさまざまな工学の分野に応用されている．

変数の集合，変数の領域の集合，制約式の集合から構成され，与えられた制約条件を満たす解を求める問題を制約充足問題 (constraint satisfaction problem: CSP) という．充足可能性問題も制約充足問題の 1 つである．その他具体的な問題には，グラフ彩色問題，数独などパズル的な問題や，スケジューリング問題などの実務的な問題がある．

1.2 組合せ最適化問題への接近

最適化の目的は，与えられた最適化問題の最適解を求めることである．しかし，最適化を活用する場面では，そもそもさまざまな状況下で何か現実の問題を解決することや適切な意思決定を行うことが本来の目的であるだろう．つまり，図 1.6 に示すような問題解決のアプローチにおいて，数理最適化が強力な道具として用いられる．

本節では，実際に数理最適化を用いた問題解決を行うときにどういう手順で臨むかを説明する．1.2.1 項で全体の流れを説明した後，1.2.2 項では，求解が容易でない組合せ最適化問題に対して，しばしば用いられる対応策として，最適化問題の緩和手法について紹介する．

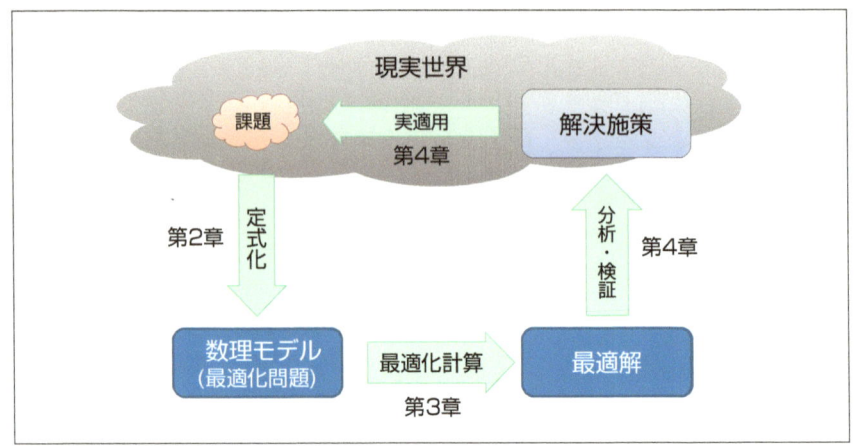

図 1.6　問題解決のための最適化活用スキーム

1.2.1　最適化適用の流れ

　現実の課題解決に臨む際は，図 1.6 のアプローチに沿って実課題から最適化を介した解決策の実適用へと進むが，実課題とのギャップがあれば再度数理モデルを修正し同じ手順を踏む，というサイクルを繰り返すことになる．最適化計算や最適化結果の分析の段階でも定式化に戻ることはしばしばある．問題解決をゴールとして考え，手戻りをできるだけなくすように最適化を活かすための工夫も重要になる．第 4 章で，問題解決のために最適化を活用する場合の留意点や実際の実務にて有用と思われる考え方について紹介する．

　本書の各章の位置づけの再確認も兼ねて，以下では一連の手順の中の定式化と最適化計算について少し説明を加える．図 1.6 に本書の各章がどの部分に対応しているか記している．

定式化

　最適化を活用するためにはまず実際の課題をよく理解し適切な数理モデルを構築する必要がある．定式化は，所望の最適解を適切に求めるためにはとても重要なところである．数理モデルを作成する手順としては，

1. 最小化・最大化したい性能や指標を見極め，それを目的関数として定式化
2. 課題対象の状況のさまざまな制約を制約条件として定式化

となる．言葉では簡単にいえるが，最適化のプロセスにおいて最も難しい部分でもある．

非常に多くの種類の組合せ最適化問題が存在するため，それらを網羅的に知りつつ体系的に俯瞰できるかが定式化の1つの鍵である．組合せ最適化問題の分類方法には大きく次の2つがある．

- 分類 I: [数理問題] 数理モデルのタイプによる分類
  数学的な問題の特徴に基づいて分類したもので1.1.2項で紹介した最適化問題のクラスの分類のことである．
- 分類 II: [標準問題] 対象となる課題のタイプによる分類
  ネットワークに関する問題，スケジューリングの問題というような対象としている問題の種類による分類(標準問題と呼ぶ)のことである．

第2章で，通常知られている実務上有用な組合せ最適化問題を標準問題ごとに整理し，それぞれの代表的な具体的問題に対して数理モデルを紹介する．このような最適化問題の体系は図2.2にまとめる．これを頭に備え，直面している課題と類似した問題を手がかりに定式化を行うことが効果的である．

一歩進んで，定式化の際，闇雲に式を作成してしまうだけでなく，どの最適化問題がどういうアルゴリズムで解けるのかもあわせて考慮し，できるだけ効率よく解ける定式化を意識したい．そのためには，第3章で紹介する範囲のアルゴリズムについては(少なくとも概要は)知っておくことが重要である．

ただし，まずとにかく詳細に定式化することが大切な側面もある．詳細に定式化した後に，最適化計算が難しくどうにもならなくなった場合，数理モデルのどこかを修正する．この「数理モデルを修正する」，「再び計算を試みる」というプロセスを回す際の起点として詳細に定式化することが重要である．実問題に最適化を適用する際に，数理モデルを修正する，いい換えると，簡略化(緩和)することはよく行う．どこをどう修正するかは，かなり属人的ではあるが，問題解決の観点からみてあまり差支えないところかどうかが判断基準になる．

最適化計算

対象の問題を最適化問題として定式化できれば，その最適化問題がどのク

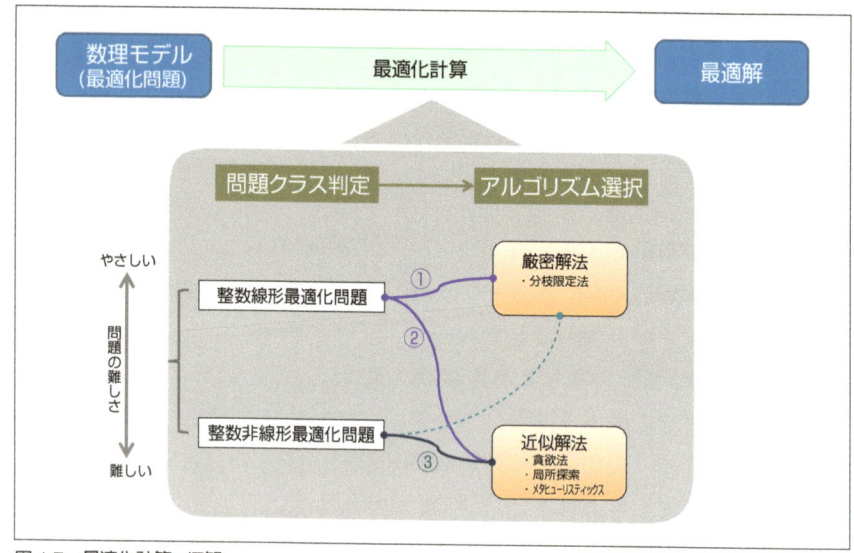

図1.7 最適化計算 (概観)

ラスの問題なのかに応じてアルゴリズムを選択し最適解を求めることになる．ポイントは，適切なアルゴリズムをどのように選ぶかということである．その知識基盤が，第2章，第3章の内容である．具体的な問題のタイプによって，どのようなアルゴリズムが存在するかが第2章の内容である．そこで示される各アルゴリズムの詳細は第3章で説明される．

　個々の問題の特徴を活用して特化した専用のアルゴリズムも種々存在するが，詳細は第2章，第3章に譲り，ここではそれらは考えず，分類Iの問題クラスに定式化された場合を考える．最適化問題が定式化された後の問題クラスに対応した汎用性のあるアルゴリズム選択の大まかな考え方を示したのが図1.7である．**厳密解法 (exact algorithm)** とは，厳密な最適解を求めるアルゴリズムのことである．また，現実的な計算時間でよい近似解を求めるのが**近似解法 (approximate algorithm)** である．定式化した最適化問題が，整数線形最適化問題の場合まず考えるのは

① 厳密解法を適用すること

で，問題の複雑さや規模によって現実的な時間内で解けない場合には，

② 近似解法を適用すること

16　　第1章　組合せ最適化の基礎

を検討する．

非線形整数最適化問題の場合は，近似解法で解くことが大多数である (図1.7 内 ③)．

1.2.2 緩和問題と双対問題

実問題を最適化問題に定式化しても問題の複雑さや規模によって，そのまま実時間で解けないこともしばしば起こる．その場合の対処として，与えられた最適化問題をもう少し簡単な (解きやすい) 問題に緩めて解くことで，もとの問題の最適な目的関数値を見積もる手がかりを得る (場合によっては，最適解を見つけることも可能となる) というアプローチが考えられる．このような手法を緩和法 (relaxation method) といい，緩和された問題を緩和問題 (relaxation problem) という．

よく用いられる最適化問題の緩和法として，組合せ最適化問題の各変数の整数条件を外して緩和する連続緩和 (continuous relaxation) と制約条件に対する違反の度合いをペナルティ (罰金) として目的関数に組入れて制約条件を取り除くラグランジュ緩和 (Lagrangian relaxation) を紹介する．

連続緩和問題

混合整数線形最適化問題に対しての連続緩和について説明する．一般に，混合整数 (線形) 最適化問題は以下で与えられる．

混合整数線形最適化問題

目的関数：　$\sum_{i=1}^{n} c_i x_i$ 　　　　→ 最小
制約条件：　$\sum_{i=1}^{n} a_{ij} x_i = b_j$ 　$\forall j \in \{1, ..., m\}$
　　　　　　$x_i \in \{0, 1\}$ 　　　　$\forall i \in \{1, ..., p\}$
　　　　　　$x_i \geq 0$ 　　　　　　$\forall i \in \{p+1, ..., n\}$

離散変数 $x_i \in \{0, 1\}$ $(i = 1, ..., p)$ の整数条件を $0 \leq x_i \leq 1$ にすることで，以下の緩和問題が得られる．この混合整数最適化問題に対する連続緩和問題のことを線形最適化緩和問題 (linear optimization relaxation problem) と呼ぶ．上記において，$x_{p+1}, ..., x_n$ をないものとして考え，$x_i \geq 0$

$\forall i \in \{p+1, ..., n\}$ をとれば，整数線形最適化問題の場合に対応している．

```
┌─ 混合整数線形最適化問題に対する線形最適化緩和問題 ──────
│
│    目的関数： $\sum_{i=1}^{n} c_i x_i$         → 最小
│    制約条件： $\sum_{i=1}^{n} a_{ij} x_i = b_j$   $\forall j \in \{1, ..., m\}$
│              $0 \leq x_i \leq 1$           $\forall i \in \{1, ..., p\}$
│              $x_i \geq 0$                  $\forall i \in \{p+1, ..., n\}$
│
└──────────────────────────────────
```

ここで，緩和問題の実行可能領域は，もとの問題の実行可能領域を含んでいるため次の有用な性質がある．

- 緩和問題の最適値はもとの最小化 (最大化) 問題の下界 (上界) となる．
- 緩和問題の最適解がもとの問題の解空間にあれば，もとの問題の最適解になる．
- 緩和問題に実行可能解がなければ，もとの問題にも解はない．

これらの性質により，より解きやすい緩和問題を解くことによって，もとの問題の最適解について有益な情報を得ることが可能となる．

ラグランジュ緩和問題と双対問題

次に，双対問題の概念を理解しやすいことを考えて，連続の非線形最適化問題について，制約条件を目的関数に組込む緩和問題を解説する．離散の場合については，1.3.2 項で簡単に触れる．簡単のため不等式制約のみもつ非線形最適化問題 (1.7) を考えよう．

```
┌─ 連続非線形最適化問題 ─────────────────────
│
│    目的関数： $f(\boldsymbol{x})$         → 最小
│    制約条件： $g_j(\boldsymbol{x}) \leq 0$   $\forall j \in \{1, ..., m\}$       (1.7)
│              $\boldsymbol{x} \in \mathbb{R}^n$
│
└──────────────────────────────────
```

非線形最適化問題 (1.7) に対し，

$$L(\boldsymbol{x}, \boldsymbol{\lambda}) = f(\boldsymbol{x}) + \sum_{i=1}^{m} (\lambda_i \; g_i(\boldsymbol{x})) \tag{1.8}$$

を導入する．$L(\boldsymbol{x}, \boldsymbol{\lambda})$ はラグランジュ関数 (Lagrangian function) と呼ばれる．
$\boldsymbol{\lambda} \in \mathbb{R}^m$ をラグランジュ乗数 (Lagrange multiplier) と呼ぶ．

もとの問題とラグランジュ関数との関係を見てみる．$\boldsymbol{x}$ を固定して $\boldsymbol{\lambda}$ に関する最大化問題

$$\begin{aligned}&\text{目的関数：}\quad L(\boldsymbol{x}, \boldsymbol{\lambda}) \quad \to \text{最大} \\ &\text{制約条件：}\quad \boldsymbol{\lambda} \geq \boldsymbol{0}\end{aligned} \tag{1.9}$$

を考える．ここで，$\boldsymbol{0}$ は m 次元 0 ベクトルである．この問題の最大値を $F(\boldsymbol{x})$ と書くことにする．すなわち

$$F(\boldsymbol{x}) = \max_{\boldsymbol{\lambda} \geq \boldsymbol{0}} L(\boldsymbol{x}, \boldsymbol{\lambda})$$

である．このとき

$$F(\boldsymbol{x}) = \begin{cases} f(\boldsymbol{x}), & g_i(\boldsymbol{x}) \leq 0 \ (i = 1, \ldots, m) \text{ のとき} \\ \infty, & \text{それ以外のとき} \end{cases} \tag{1.10}$$

となる．よって，もとの問題 (1.7) の最適値を f^* とすると

$$f^* = \min_{\boldsymbol{x} \in S} F(\boldsymbol{x}) = \min_{\boldsymbol{x} \in S} \max_{\boldsymbol{\lambda} \geq \boldsymbol{0}} L(\boldsymbol{x}, \boldsymbol{\lambda}) \tag{1.11}$$

であることがわかる．これよりもとの非線形最適化問題 (1.7) は，次のように書くことができる．これを主問題 (primal problem) と呼ぶ．

連続非線形最適化問題 (主問題)

$$\begin{aligned}&\text{目的関数：}\quad F(\boldsymbol{x}) \quad \to \text{最小} \\ &\text{制約条件：}\quad \boldsymbol{x} \in \mathbb{R}^n\end{aligned} \tag{1.12}$$

ここで，$g_i(\boldsymbol{x}) \leq 0$ を満たす実行可能解 $\boldsymbol{x}$ がないとすると f^* は ∞ である．また，問題によっては発散する場合もあり，そのとき f^* は $-\infty$ である．

ラグランジュ関数 $L(\boldsymbol{x}, \boldsymbol{\lambda})$ は，定義より以下の性質をもつことがわかる．

$$\min_{\boldsymbol{x} \in \mathbb{R}^n} \max_{\boldsymbol{\lambda} \geq \boldsymbol{0}} L(\boldsymbol{x}, \boldsymbol{\lambda}) \geq \max_{\boldsymbol{\lambda} \geq \boldsymbol{0}} \min_{\boldsymbol{x} \in \mathbb{R}^n} L(\boldsymbol{x}, \boldsymbol{\lambda}) \tag{1.13}$$

次に，$\boldsymbol{\lambda}$ を固定して $\boldsymbol{x}$ に関するラグランジュ関数 $L(\boldsymbol{x}, \boldsymbol{\lambda})$ の最小化問題

$$\begin{aligned}&\text{目的関数:} \quad L(\boldsymbol{x}, \boldsymbol{\lambda}) \quad \to \text{最小} \\ &\text{制約条件:} \quad \boldsymbol{x} \in \mathbb{R}^n\end{aligned} \qquad (1.14)$$

を考える．この問題の最適値を $G(\boldsymbol{\lambda})$ と書くことにする．すなわち

$$G(\boldsymbol{\lambda}) = \min_{\boldsymbol{x} \in \mathbb{R}^n} L(\boldsymbol{x}, \boldsymbol{\lambda}) \qquad (1.15)$$

である．このとき，不等式 (1.13) より

$$\min_{\boldsymbol{x} \in \mathbb{R}^n} F(\boldsymbol{x}) = \min_{\boldsymbol{x} \in \mathbb{R}^n} \max_{\boldsymbol{\lambda} \geq \boldsymbol{0}} L(\boldsymbol{x}, \boldsymbol{\lambda}) \geq \max_{\boldsymbol{\lambda} \geq \boldsymbol{0}} \min_{\boldsymbol{x} \in \mathbb{R}^n} L(\boldsymbol{x}, \boldsymbol{\lambda}) = \max_{\boldsymbol{\lambda} \geq \boldsymbol{0}} G(\boldsymbol{\lambda}) \qquad (1.16)$$

となる．この式の最後の問題を，もとの問題 (1.7) のラグランジュ双対問題 (**Lagrange dual problem**) という．

連続非線形最適化問題［ラグランジュ双対問題］

$$\begin{aligned}&\text{目的関数:} \quad G(\boldsymbol{\lambda}) \quad \to \text{最大} \\ &\text{制約条件:} \quad \boldsymbol{\lambda} \geq \boldsymbol{0}\end{aligned} \qquad (1.17)$$

主問題 (1.12) と双対問題 (1.17) の間に次の弱双対定理 (**weak duality theorem**) が成立する．

弱双対定理

定理 1.1 主問題 (1.12) の最適値を f^*，双対問題 (1.17) の最適値を g^* とすると，以下が成立する．
$$f^* \geq g^* \qquad (1.18)$$

これは，$f^* = \min_{\boldsymbol{x} \in S} F(\boldsymbol{x})$，$g^* = \max_{\boldsymbol{\lambda} \geq \boldsymbol{0}} G(\boldsymbol{\lambda})$ であることより明らかである．弱双対定理は主問題の最適値と双対問題の最適値の間の関係を示している．$f^* > g^*$ の場合に存在するギャップのことを双対ギャップ (**duality gap**) という．線形最適化問題などの凸最適化問題では $f^* = g^*$ が成り立つ．このとき，弱双対定理は特に双対定理 (**duality theorem**) と呼ばれる．

次に，線形最適化問題 (1.19) の場合にラグランジュ双対問題を見てみよう．

> **連続線形最適化問題［主問題］**
>
> 目的関数： $\sum_{i=1}^{n} c_i x_i$ $\quad \to$ 最小
> 制約条件： $\sum_{i=1}^{n} a_{ij} x_i \geq b_j \quad \forall j \in \{1,...,m\}$ (1.19)
> $\qquad\qquad x_i \geq 0 \qquad\qquad \forall i \in \{1,...,n\}$

弱双対定理 (1.1) より以下がいえる．

$$\min_{\bm{x} \in \mathbb{R}^n} \max_{\bm{y} \geq \bm{0}, \bm{s} \geq \bm{0}} \left\{ \bm{c}^T \bm{x} + \bm{y}^T (\bm{b} - \bm{A}\bm{x}) - \bm{s}^T \bm{x} \right\}$$
$$\geq \max_{\bm{y} \geq \bm{0}, \bm{s} \geq \bm{0}} \min_{\bm{x} \in \mathbb{R}^n} \left\{ \bm{b}^T \bm{y} + \bm{x}^T (\bm{c} - \bm{A}^T \bm{y} - \bm{s}) \right\} \quad (1.20)$$
$$= \max_{\bm{y} \geq \bm{0}, \bm{s} \geq \bm{0}} \left\{ \bm{b}^T \bm{y} \mid \bm{c} - \bm{A}^T \bm{y} - \bm{s} = 0 \right\}$$

ここで，$\bm{x} = (x_1, \ldots, x_n) \in \mathbb{R}^n$, $\bm{A} = (a_{ij}) \in \mathbb{R}^{m \times n}$, $\bm{y} = (y_1, \ldots, y_m) \in \mathbb{R}^m$, $\bm{s} = (s_1, \ldots, s_n) \in \mathbb{R}^n$ である．最後の式を変形すると新たな問題 (1.21) が得られる．この問題が線形最適化問題 (主問題) の双対問題である．

> **連続線形最適化問題［双対問題］**
>
> 目的関数： $\sum_{j=1}^{m} b_j y_j$ $\quad \to$ 最大
> 制約条件： $\sum_{j=1}^{m} a_{ij} y_j \leq c_i \quad \forall i \in \{1,...,n\}$ (1.21)
> $\qquad\qquad y_j \geq 0 \qquad\qquad \forall j \in \{1,...,m\}$

主問題であるもとの問題 (1.19) と双対問題 (1.21) は対等の関係となる．すなわち，双対問題の双対問題は主問題に一致する．

双対問題は，種々のアルゴリズムの構築にも使われる概念である．凸最適化問題では実行可能解が存在すれば，主問題の最適解と双対問題の最適解が存在し最適値が一致するため，線形最適化問題などでは問題が与えられたら，主問題か双対問題のどちらを解いてもよい．

1.3 組合せ最適化に必要な基本概念

これまで最適化全般に共通する基本事項を解説した．ここでは，組合せ最適化問題に特有の概念について説明する．

組合せ最適化の最も顕著な性質は「離散」である．組合せ最適化問題の実行可能領域 S は離散的な構造をもち，解は「離散構造 (discrete structure)」によって記述されることが多い．離散構造とは，離散数学や計算機科学の基礎をなす数学的な構造のことで，例えば，集合論理，記号論理，グラフ理論，組合せ論，確率論などを含めた数学的な構造の体系である．計算機で扱うほとんどの問題は，単純な基本演算機能を要素とする離散構造として表現でき，その問題を解くことはその離散構造の処理に帰着される．

以下では，グラフ (graph) について必要最小限の概念を導入する．グラフは，特に組合せ最適化問題において，頻繁に現れるネットワークの構造などを表現するために不可欠な離散構造である．

また，組合せ最適化の場合の「凸性」についても，ごく基礎的な事項を紹介する．離散凸性を取り扱う理論は，離散凸解析 (discrete convex analysis) と呼ばれ，整数格子点の集合の上で定義された関数を凸解析と組合せ論の両方から考察する理論である．連続最適化問題に対して，凸性が有用な役割を果たしたが，組合せ最適化問題においても離散凸性がそれと同様の働きをする一端を説明する．

1.3.1 グラフ理論

組合せ最適化問題で，問題の定式化や解の表現としてしばしば利用されるグラフについて簡単に紹介しておこう．さらにグラフ理論を知りたい場合は，グラフ理論の入門書，例えば文献 [5] を参照されたい．

グラフとは，図 1.8 にあるように，ざっくりいうと，点 (節点，頂点) が枝 (辺，弧，線) で結ばれたものである．

より正確に以下で定義しよう．有限個の節点 (node)(頂点 (vertex) とも呼ぶ) からなる集合 V と節点対の有限集合 $E \subseteq V \times V$ が与えられたとき，$G = (V, E)$ をグラフという．節点対 $e = (v_1, v_2)$ は辺 (edge) あるいは枝 (branch) と呼ばれる．節点 v_1, v_2 は辺 $e = (v_1, v_2)$ の端点 (end nodes) である．

グラフ G の節点の数をグラフの位数 (order) という．節点 $v \in V$ に対して，グラフの節点に接合する辺の数を節点 v の次数 (degree) という．

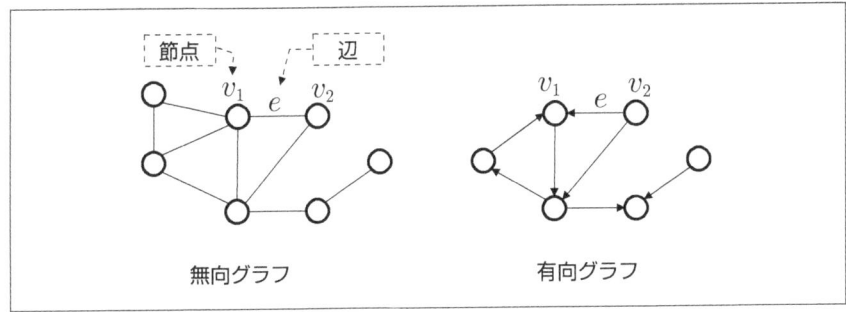

図 1.8 グラフ

有限集合 A に対して,A の要素数を $|A|$ で表す.この表記を用いてグラフ $G = (V, E)$ の節点の数と辺の数をそれぞれ $|V|, |E|$ と表せる.

ここで,辺の向きを考えないとき無向グラフ (undirected graph) といい,方向を考えて (v_1, v_2) と (v_2, v_1) を区別する場合は有向グラフ (directed graph) という.それぞれ図 1.8 を参照されたい.有向グラフの辺は矢印で向きを示しており,特に弧 (arc) と呼ぶこともある.

任意の 2 節点間に辺があるグラフのことを完全グラフ (complete graph) という.

グラフ $G = (V, E)$ の節点列 $v_1, \ldots, v_k$ が $(v_i, v_{i+1}) \in E, i = 1, \ldots, k-1$ を満たすとき,つまり節点 $v_1, \ldots, v_k$ が辺でつながっているとき,v_1 から v_k への路 (path) という.$v_1, \ldots, v_k$ がすべて異なる場合,単純路 (simple path) という.路の長さは辺の数 $k-1$ と定義する.路の始点 v_1 と終点 v_k が等しいとき閉路 (cycle) という.

無向グラフ G において,任意の 2 節点間に路が存在するとき,G は連結 (connected) であると呼ぶ.有向グラフの場合は,辺の方向を無視して得られる無向グラフを考えて連結であれば,もとの有向グラフは連結であるという.また,向きを考えた上で任意の 2 節点間にどちらの向きにも路が存在する場合を強連結 (strongly connected) という.

次に,グラフの一種である木 (tree) を定義しよう (図 1.9).連結無向グラフ G が閉路をもたないとき,G は無向木 (undirected tree) であるという.有向グラフに対して同様に考えることができ,特に,根 (root) と呼ばれる 1 つの

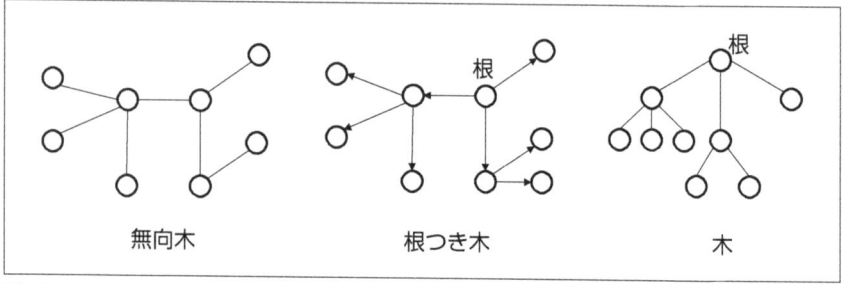

図 1.9 木

節点があり，そこからほかの任意の節点へ路が存在するとき根つき木 (rooted tree) あるいは単に木 (tree) という．木は，根を最上位におき，根からの方向を上から下へと決めて図 1.9 右図のように表現することが多い．

グラフ G のすべての辺を 1 度だけ通る路のことをオイラー路 (Euler path) と呼び，すべての辺を 1 度だけ通る閉路はオイラー閉路 (Euler circuit) という．グラフ G の辺をすべて通るようなオイラー閉路をもつグラフのことをオイラーグラフ (Euler graph) という．オイラーグラフは一筆書き可能である．グラフ G がオイラー閉路をもつための必要十分条件は G が連結で，かつ，すべての節点の次数が偶数であることである (これはオイラーの定理と呼ばれる)．

また，特別なグラフとして 2 部グラフ (bipartite graph) を挙げておく．2 部グラフは，節点集合を 2 つの部分集合に分割して，各集合内の節点同士の間には辺がないようにできるグラフのことである．

グラフ H に対する補グラフ (complement graph) とは，グラフ H において隣接している節点が (必ず) 隣接していないようなグラフのことをいう．いい換えると，グラフ H において存在しない辺をすべて追加したものから既存の辺を消去したグラフのことである．

組合せ最適化問題をグラフの問題としてとらえる際に，グラフ上で流れ (フロー) を考え，節点や辺に何らかの属性や数値 (例えば，距離やコストなど) が与えられた状況を考えることが多く，それらをネットワークといういい方をする．

1.3.2 離散凸解析

連続最適化問題においては,凸関数の理論いわゆる凸解析 (convex analysis) の結果が大きな役割を果たし,効率的なアルゴリズムのアイデアへとつながっている.凸解析では,凸性の定義に基づいて,局所的最適と大域的最適の同値性,双対性 (主問題と双対問題,双対定理,分離定理) など凸性のもつ特徴が得られている.離散の場合にも同様の性質が得られる.それを実現したのが離散凸解析である.以下ではごく簡単に離散凸解析の理論の体系と狙いについて概観する.離散凸解析の全般を詳しく知りたい場合は文献 [11, 12] を参考にされたい.

本書の第 2 章以降で組合せ最適化のいろいろなアルゴリズムを紹介するが,離散凸性に基づく解法については触れないため,以降を読み進める上ではこの部分は後回しにしても差支えない.

1 変数の離散凸関数

まず,離散の場合の凸性を理解するために 1 変数関数の場合を例に説明する.
実数の集合 $\mathbb{R}$ に対して $+\infty, -\infty$ を加えた集合を,それぞれ $\overline{\mathbb{R}} = \mathbb{R} \cup \{+\infty\}, \underline{\mathbb{R}} = \mathbb{R} \cup \{-\infty\}$ とする.

整数上で定義された関数 $f : \mathbb{Z} \to \overline{\mathbb{R}}$ が,以下の条件を満たすとき,離散凸関数 (discrete convex function) と呼ぶ.

離散凸関数
$$f(x-1) + f(x+1) \geq 2f(x), \quad \forall x \in \mathbb{Z} \tag{1.22}$$

不等式 (1.22) は
$$f(x) - f(x-1) \leq f(x+1) - f(x), \quad \forall x \in \mathbb{Z} \tag{1.23}$$

と書けることより,関数値の差分 $f(x+1) - f(x)$ は単調非減少であり,この性質が離散凸性を特徴づけている.このとき,図 1.10 の左図のように点 $(x, f(x))$ を順につないでいくと凸関数のグラフになる.

ある凸関数 $\overline{f} : \mathbb{R} \to \overline{\mathbb{R}}$ が存在して

凸拡張可能性
$$\overline{f}(x) = f(x), \quad \forall x \in \mathbb{Z} \tag{1.24}$$

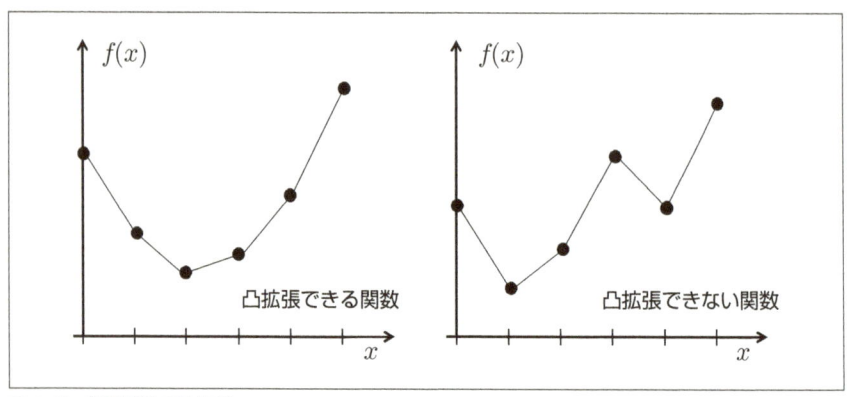

図 1.10 離散関数の凸拡張

が成立するとき，f は凸拡張可能 (convex extensible) であるといい，$\overline{f}(x)$ を f の凸拡張 (convex extension) と呼ぶ．

ここで，1 変数関数の場合，以下の 2 つの重要な性質が成り立つ．

- 関数 $f : \mathbb{Z} \to \overline{\mathbb{R}}$ に対して，離散凸性 (1.22) と凸拡張可能性 (1.24) は等価である．
- 関数 $f : \mathbb{Z} \to \overline{\mathbb{R}}$ が離散凸関数のとき，整数 x が f の最小解であるための必要十分条件は

$$f(x) \leq \min\{f(x-1), f(x+1)\} \tag{1.25}$$

である．すなわち，離散凸関数では，局所的最適解が大域的最適解に一致する．

本書では詳細は割愛するが，上記の性質のほか，さらに双対性についても連続凸解析の場合と同様の議論が成立する．つまり，連続凸解析における基本的な性質が，1 変数離散凸解析においても揃っており，1 変数離散凸関数の場合の離散凸解析ができあがっている (文献 [11] を参照されたい)．

多変数関数の離散凸解析

次に，一般の場合，つまり多変数関数の場合に話を進める．1 変数関数の離散凸性を多変数へ拡張するのは自明ではなく，多変数関数の場合には互いに共役な 2 つの離散凸性が存在する．離散凸解析では，それらの離散凸性が

中心的な役割を果たし，最小値の局所的な特徴づけや凸拡張可能性，さらには双対性・共役性も満たす枠組を提供している．

ここでは，鍵となる 2 つの離散凸性の概念を導入し，それらを基に展開される離散凸解析の理論の概略を説明する．

M 凸関数 (M-convex function)

整数格子点上で定義された実数値関数 $f : \mathbb{Z}^n \to \mathbb{R} \cup \{\pm\infty\}$ に対して，関数が有限値をとる点の集合

$$\mathrm{dom} f = \{\boldsymbol{x} \in \mathbb{Z}^n | -\infty < f(\boldsymbol{x}) < +\infty\} \tag{1.26}$$

を f の実効定義域 (effective domain) という．以下，$\mathrm{dom} f \neq \emptyset$ とする．$\boldsymbol{x} = (x_1, x_2, \ldots, x_n) \in \mathbb{Z}^n$ に対して $\mathrm{supp}^+(\boldsymbol{x}) = \{i | x_i > 0\}$ $\mathrm{supp}^-(\boldsymbol{x}) = \{i | x_i < 0\}$ とし，第 i 単位ベクトルを $e_i \ (\in \{0,1\}^n)$ とする．

関数 $f : \mathbb{Z}^n \to \overline{\mathbb{R}}$ が以下の交換公理 (exchange axiom) と呼ばれる条件を満たすとき M 凸関数という．

M 凸関数 (交換公理)

任意の $\boldsymbol{x}, \boldsymbol{y} \in \mathrm{dom} f$ と $i \in \mathrm{supp}^+(\boldsymbol{x}-\boldsymbol{y})$ に対し，ある $j \in \mathrm{supp}^-(\boldsymbol{x}-\boldsymbol{y})$ が存在して

$$f(\boldsymbol{x}) + f(\boldsymbol{y}) \geq f(\boldsymbol{x} - e_i + e_j) + f(\boldsymbol{y} + e_i - e_j) \tag{1.27}$$

交換公理より，M 凸関数の実効定義域は成分和が一定の超平面の上に載っていることがわかる．よって，ある座標方向に沿って射影しても情報量は失われない．そこで，関数 $f : \mathbb{Z}^n \to \overline{\mathbb{R}}$ に対して

$$\tilde{f}(x_0, \boldsymbol{x}) = \begin{cases} f(\boldsymbol{x}), & x_0 = -\sum_{i=1}^n x_i \text{ のとき} \\ +\infty, & \text{それ以外のとき} \end{cases} \tag{1.28}$$

($x_0 \in \mathbb{Z}, \boldsymbol{x} \in \mathbb{Z}^n$) で定義される関数 $\tilde{f} : \mathbb{Z}^{n+1} \to \overline{\mathbb{R}}$ が M 凸関数となるとき，f を $\mathrm{M}^\natural$ 凸関数 ($\mathrm{M}^\natural$-convex function) という ($\mathrm{M}^\natural$ は「エム・ナチュラル」と読む)．1 次元高い空間内で定義された M 凸関数から射影によって得られる関数が $\mathrm{M}^\natural$ 凸関数である．$\mathrm{M}^\natural$ 凸関数も M 凸関数と同様の交換公理で特徴づけられる．

L 凸関数 (L-convex function)

関数 $g : \mathbb{Z}^n \to \overline{\mathbb{R}}$ が以下の 2 つの条件を満たすとき，L 凸関数と呼ぶ．

> **L凸関数**
> $$g(\boldsymbol{p}) + g(\boldsymbol{q}) \geq g(\boldsymbol{p} \vee \boldsymbol{q}) + g(\boldsymbol{p} \wedge \boldsymbol{q}) \qquad \boldsymbol{p}, \boldsymbol{q} \in \mathbb{Z}^n$$
> $$\exists r \in \mathbb{R}, \forall \boldsymbol{p} \in \mathbb{Z}^n : g(\boldsymbol{p} + \boldsymbol{1}) = g(\boldsymbol{p}) + r \tag{1.29}$$

ここで，$\boldsymbol{p} \vee \boldsymbol{q}, \boldsymbol{p} \wedge \boldsymbol{q}$ はそれぞれ成分ごとに最大値，最小値をとって得られるベクトルを表す．また，$\boldsymbol{1} = (1, 1, \ldots, 1)$ である．2つ目の条件は，L凸関数が $\boldsymbol{1}$ の方向の線形性をもつことを意味している．

関数 $g : \mathbb{Z}^n \to \overline{\mathbb{R}}$ に対して

$$\tilde{g}(p_0, \boldsymbol{p}) = g(\boldsymbol{p} - p_0 \boldsymbol{1}) \tag{1.30}$$

$(p_0 \in \mathbb{Z}, \boldsymbol{p} \in \mathbb{Z}^n)$ で定義される関数 $\tilde{g} : \mathbb{Z}^{n+1} \to \overline{\mathbb{R}}$ がL凸関数であるとき，g を **L♮凸関数 (L♮-convex function)** という．

以下，これら2つの離散凸関数から導き出される結果だけを整理し，離散凸解析の骨組の理解をすることを本書での眼目とする．

M凸関数とL凸関数は以下のような性質をもっている．このことから，離散凸関数と呼ぶべきは，M♮凸関数とL♮凸関数であることがわかる．

- M凸関数
    - M凸関数は，M♮凸関数である．
    - $n = 1$ の場合: M♮凸関数と離散凸関数 (1.22) は一致する．
    - $n \geq 2$ の場合: M♮凸関数は凸拡張可能で極小性と最小性が一致する．
- L凸関数
    - L凸関数は，L♮凸関数である．
    - $n = 1$ の場合: L♮凸関数と離散凸関数 (1.22) は一致する．
    - $n \geq 2$ の場合: L♮凸関数は凸拡張可能で極小性と最小性が一致する．

このように，M凸関数とL凸関数は類似した性質をもっているが，その背後には，ある変換 (離散ルジャンドル変換) によって1対1の表裏の対応関係が存在している (これを**共役性 (conjugacy)** と呼ぶ)．さらに，凸解析において重要な最大最小定理や分離定理などの**双対性 (duality)** も成立することがわかっている．すなわち，離散凸解析は，M凸関数とL凸関数を主役として最

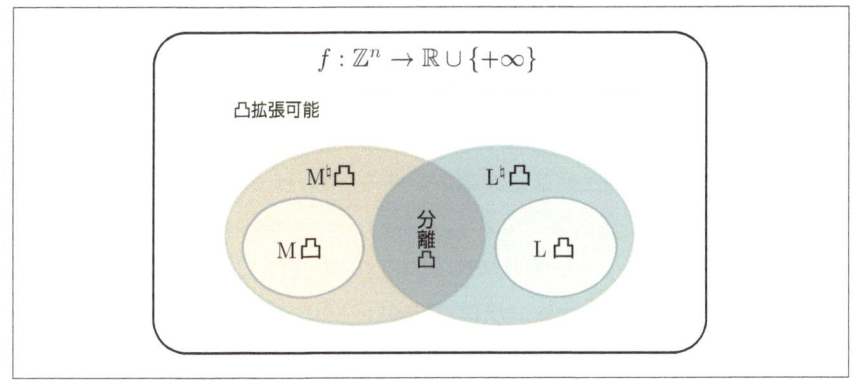

図 1.11 離散変数の凸関数の関係

適化の理論として必要な理論体系を備えている．

図 1.11 に，離散変数の凸関数の関係を示している．$M^{\natural}$ 凸関数も $L^{\natural}$ 凸関数も凸拡張可能な関数に含まれ，$M^{\natural}$ 凸関数は M 凸関数を部分クラスとして含み，$L^{\natural}$ 凸関数は L 凸関数を部分クラスとして含んでいる．$M^{\natural}$ 凸関数で $L^{\natural}$ 凸関数でもある共通部分は**分離凸関数** (separable convex function) のクラスに一致している．分離凸関数とは条件 (1.22) を満足する 1 変数離散凸関数 φ_i を用いて $f(x) = \sum_{i=1}^{n} \varphi_i(x_i)$ の形で表される関数 $f(x)$ のことである．

離散凸解析の対象となる組合せ最適化問題としては，例えば，最短路問題，マッチング問題などがある．離散凸性のもつ数学的な性質を活用してさまざまなアルゴリズムも研究されている．こうして得られるアルゴリズムについてまでは本書では説明しない．それらは，離散凸性の対象となる組合せ最適化問題に対して，本書にて説明されているアルゴリズムの一般化になっている．

上記の性質の導出や，離散凸性を利用した最適化アルゴリズムの詳細については，文献 [11, 12] を参照してほしい．

1.4　組合せ最適化問題の複雑さ・難しさ

組合せ最適化問題を解くには，すべての可能な組合せを列挙してその中から目的関数が最適なものを選ぶことがまず浮かぶ．このような方法は，列挙法

(enumerated method) と呼ばれる．列挙法では，大域的最適解 (厳密解) が得られるが，問題の規模が大きくなると組合せの数が爆発的に増える．一般に，列挙によるアプローチで現実的な問題を解くことはスーパーコンピュータをもってしても手におえない．つまり，全列挙を行わないでいかに効率よく問題を解くかが組合せ最適化問題における課題といえる．

2.2.2 項で紹介する巡回セールスマン問題では，n 個の都市を訪問する巡回路を列挙すると $(n-1)!/2$ 通りになる．これは，例えば $n = 30$ のとき巡回路の総数が $4420880996869850977271808000000 \sim 4.42 \times 10^{30}$ である．1 秒間に 1 京 (10^{16}) 回四則演算可能な大規模なコンピュータでも途方もなく膨大な時間がかかることが想像できるであろう．

> **注 6.** 最近では，グラフの列挙問題について組合せの集合を効率よく表現するためのデータ構造である二分決定グラフ (binary decision diagram: BDD) やゼロサプレス型二分決定グラフ (zero-suppressed binary decision diagram: ZDD) を使うことで，かなりの規模の問題まで列挙可能になっている．これらの技術を利用した大規模な組合せ最適化の効率化の研究も進んできている．詳細は，文献 [9] を参照されたい．

さまざまな問題に対して，効率的なアルゴリズムの存否や問題の難易度の意味といった観点から，問題の難しさや複雑さを研究するのが計算の複雑さの理論 (computational complexity theory) である (計算複雑性理論ともいう)．

組合せ最適化問題の多くは難しい問題であるが，効率的なアルゴリズムが存在し，比較的解きやすい場合も多数ある．ここでは，組合せ最適化問題の複雑さや難しさを表現するために必要な，計算の複雑さの理論の用語や概念を紹介する．

まず，問題に対するアルゴリズムの計算量を導入し，計算量に基づきアルゴリズムが分類されることを述べる．次に，問題の複雑さ・難しさに基づいた問題のクラス分け (複雑性クラス) を考えていく．最後に，第 2 章で紹介する組合せ最適化問題がどの複雑性クラスに属するかを整理する．

1.4.1 アルゴリズムの計算量

最適化問題などの問題を解く計算の複雑さの考え方について説明する．アルゴリズムをコンピュータ上で実行するときに，必要とされる計算資源のことを計算量 (complexity) という (計算複雑度とも呼ばれる)．アルゴリズムが停止するまでに必要な四則演算などの基本操作の実行回数を表すのが時間計算量 (time complexity) であり，必要なメモリ量を表すのが空間計算量 (space complexity) である．

同じアルゴリズムであっても，計算量は問題の規模にもよるし，同規模の問題でも個別の問題によって計算量が異なる．よって，理論的に計算量を評価する際は，問題の規模 (例えば，グラフ問題の場合の節点数，辺数など) を指定し，その規模の任意の問題を解くために最悪の場合に必要な演算回数を考えて見積もるのが基本的な考え方である．規模 N の問題を，あるアルゴリズムによって $\varphi(N)$ の計算手間によって必ず解くことができるとき，そのアルゴリズムの計算量は

$$O(\varphi(N)) \tag{1.31}$$

であるという．ここで $\varphi(N)$ は N を変数とする関数で，例えば，$N \log N, N^2, 2^N, N!$ などである．式 (1.31) は「オーダー $\varphi(N)$」と読む．これはオーダー記法 (order notation) といわれる．$O(\varphi(N))$ においては，N の最高次の項だけ考えその係数を無視する．例えば，$\varphi(N)$ が $N^2, 100N^2, 100N + 10N^2$ などの場合，すべて $O(N^2)$ となる．これは，$\varphi(N)$ の議論において，アルゴリズムの細部やデータの扱いの影響を排除したいのと，問題規模が大きいときの計算量は最高次の項に支配されるためである．

1.4.2 計算量とアルゴリズムの分類

計算量 (1.31) における $\varphi(N)$ の関数形によってアルゴリズムの分類がある．

- 多項式時間アルゴリズム (polynomial time algorithm)
  $\varphi(N)$ が，ある定数 k を用いて N^k と書ける場合．$N \log N$ のように $\log N$ を含んでもよい．
- 指数時間アルゴリズム (exponential time algorithm)

$\varphi(N)$ が，2^N や $N!$ のように多項式関数ではおさえられない場合．

指数時間アルゴリズムのアルゴリズムは，問題の規模 N が大きくなるに伴って急激に計算量が大きくなるので，実用的だとはみなされない．一方，多項式時間アルゴリズムは効率的なアルゴリズムの代名詞である．理論的には多項式時間アルゴリズムを効率のよいアルゴリズムであるという．ただし，実用上も効率的というには多項式時間アルゴリズムのうち低次数のものである必要がある (注 7. 参照)．

> **注 7.** 多項式時間アルゴリズムであれば実用的に効率的なのだろうか．実務の観点からはギャップが大きいといわざるを得ない．例えば n^3 でも n^7 でも理論的には多項式時間アルゴリズムで効率的であるということになるが，n^7 の場合，理論的には多項式時間アルゴリズムでも n が少し大きくなると実用的とはいえなくなる．コンピュータの能力にもよるが，大雑把には，実用に耐えうるのは n^3 程度までの多項式時間アルゴリズムであろう．

> **注 8.** 巡回セールスマン問題では解の個数は $(n-1)!/2$ である (30 ページ参照)．この計算量はどうだろうか．
> 　簡単のため $n!$ を考える．スターリングの公式 (Stirling's formula) より
> $$n! \sim \sqrt{2\pi n}\left(\frac{n}{e}\right)^n$$
> と近似できる．したがって，$n!$ が 2^n のような指数関数よりもさらに急激に増加することがわかる．

1.4.3　計算の複雑さと問題の難しさ

ここでは，理論的な効率性を考える．つまり，多項式時間アルゴリズムであればすべて「効率的」であるとする．実際，多項式時間アルゴリズムをもつ組合せ最適化問題は，比較的解きやすい問題であるといえる．多項式時間アルゴリズムが存在するような問題を集めたもの，つまり，多項式時間で解ける問題を集めた問題の集合をクラス $\mathcal{P}$ (class $\mathcal{P}$) と表す．$\mathcal{P}$ は多項式時間

(polynomial time) の頭文字からきている．

　クラス $\mathcal{P}$ のような問題のクラスは**複雑性クラス (complexity class)** と呼ばれる．複雑性クラスは，計算の複雑さの理論において主要な研究対象であり，複雑性クラス間の相互関係から計算問題の複雑性が明らかにされてきている．

　いろいろな複雑性クラスが存在するが，ここではもう1つ重要なクラス $\mathcal{NP}$(class $\mathcal{NP}$) を紹介する．クラス $\mathcal{NP}$ の正確な定義は，本書の範囲を超えるためここでは直観的な説明に留める．詳細は文献 [2, 10] を参照されたい．

　クラス $\mathcal{NP}$ は，非決定性のコンピュータで多項式時間で解ける問題のクラスを意味する (クラス $\mathcal{P}$ は決定性のコンピュータで多項式時間で解ける問題のクラスである)．$\mathcal{NP}$ は非決定性計算による多項式時間 (**nondeterministic polynomial time**) の略である．ここで，計算の決定性，非決定性について補足しておく．通常のコンピュータでは，与えられたアルゴリズムと入力に対して計算過程は一意に定まる．これを**決定性計算 (deterministic computation)** という．一方，アルゴリズムの中で複数の場合への分岐を並列に同時に実行できるという仮想的な能力を仮定し，分岐を繰り返すことによって複数 (指数的な数でも可) の計算過程を同時に実行できるとするのが**非決定性計算 (nondeterministic computation)** である．

　ある問題がクラス $\mathcal{P}$ に属することを示すには多項式時間アルゴリズムを1つ見つければよい．しかし，多項式時間アルゴリズムが存在しないことを証明するのは容易ではない．このことがクラス $\mathcal{NP}$ を考える動機である．クラス $\mathcal{NP}$ は，(決定性計算において) 多項式時間で解けない問題のクラスのことでもないし，最悪時間計算量を多項式で表現できない問題のクラスでもないことに注意を要する．

　クラス $\mathcal{P}$ とクラス $\mathcal{NP}$ の関係について重要な点を以下に挙げる．包含関係の全体像は図 1.12 を参照されたい．

- 決定性，非決定性計算の定義を考えると，非決定性のコンピュータの能力は決定性のものより強力であり，

$$\mathcal{P} \subseteq \mathcal{NP}$$

であることがわかる．

図 1.12 $\mathcal{P}, \mathcal{NP}$ の関係

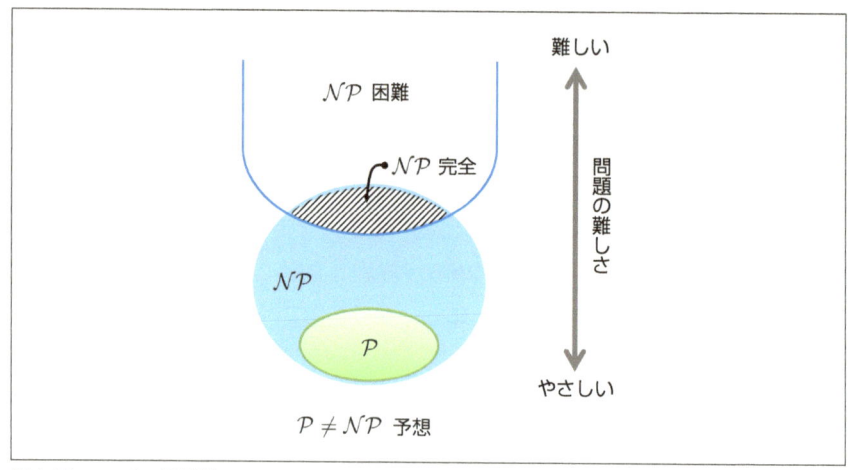

- $\mathcal{P} \neq \mathcal{NP}$ であるかどうかはまだわかっていない．これは，計算の複雑さの理論における最大の未解決問題である．現在多くの研究者たちは

$$\mathcal{P} \neq \mathcal{NP}$$

であると考えている ($\mathcal{P} \neq \mathcal{NP}$ 予想)．

- 直観的な説明となるが，クラス $\mathcal{NP}$ に含まれるどの問題と比較しても難しさが同等かそれ以上であるような問題のクラス考える．このような問題クラスを $\mathcal{NP}$ 困難 ($\mathcal{NP}$-hard) という．$\mathcal{NP}$ 困難である問題に対して，多項式時間アルゴリズムが存在しないということも証明されていない．問題の難しさの厳密な定義は，ここでは省略するので文献 [2, 10] を参照されたい．

- クラス $\mathcal{NP}$ に属す問題のうち，$\mathcal{NP}$ 困難な問題クラスを $\mathcal{NP}$ 完全 ($\mathcal{NP}$-complete) という．クラス $\mathcal{NP}$ において，最も難しい問題クラスのことである．$\mathcal{NP}$ 完全は，$\mathcal{NP}$ 困難である問題のうちクラス $\mathcal{NP}$ に属するものともいえる．$\mathcal{NP}$ 困難である問題は必ずしもクラス $\mathcal{NP}$ に属しているとは限らないが，もしクラス $\mathcal{NP}$ にも属する場合には $\mathcal{NP}$ 完全と一致する．

複雑性クラス	最適化問題
$\mathcal{P}$	線形最適化問題 オイラー閉路問題 最短路問題 最大流問題 最小費用流問題 最小全域木問題 割当問題 1機械スケジューリング(目的関数によっては) 充足可能性問題(2-SAT) 最大マッチング問題 最大重みマッチング問題 最大(または最小)重み最大マッチング問題
$\mathcal{NP}$完全	充足可能性問題(3-SAT) 巡回セールスマン問題(決定問題) 最大安定集合問題(決定問題) 集合分割問題(決定問題) ナップサック問題(決定問題) ビンパッキング問題(決定問題) 最大クリーク問題(決定問題) 最小頂点被覆問題(決定問題)
$\mathcal{NP}$困難	整数最適化問題 巡回セールスマン問題 最大安定集合問題 集合分割問題 ナップサック問題 ビンパッキング問題 最大クリーク問題 最小頂点被覆問題 最小極大マッチング問題

図1.13 $\mathcal{P}, \mathcal{NP}$ に属する最適化問題

1.4.4 複雑性クラスと組合せ最適化問題

第2章で紹介するように,組合せ最適化問題には多くの種類がある.ここでは,クラス $\mathcal{P}, \mathcal{NP}$ 完全および $\mathcal{NP}$ 困難それぞれに属する代表的な組合せ最適化問題をまとめておく.第2章において各問題の定式化とあわせてどう

いうアルゴリズムがあるのか個々に見ていく際に，複雑性クラスとの対応についても図 1.13 にて確認していくことをお勧めする．

ここで，**決定問題 (decision problem)** とは各最適化問題において最適値を求めるのではなく，例えば目的関数がある値より大きいかどうかを問うような問題で，Yes/No を出力する問題である．

第2章

組合せ最適化問題の体系

本章では，組合せ最適化問題を，対象となる課題のタイプによる分類を軸に整理する．数ある組合せ最適化問題の中から，基本的で典型的な問題を中心にしながら，実務上有益という観点でできる限り網羅できるように選択した組合せ最適化問題を体系づける．本章で扱う問題リストを図2.1に示す．

標準問題クラス	最適化問題	派生問題
グラフ・ネットワーク問題 graph/network	最小(全域)木問題 最大安定集合問題 最大カット問題 最小頂点被覆問題 最短路問題 最大流問題 最小費用流問題	2頂点/単一始点/全点対最短路問題 1品種/多品種最小費用流問題
経路問題 routing	運搬経路問題 巡回セールスマン問題	(時間制約/距離制約つきなど多種多様)
集合被覆・分割問題 covering/partitioning	集合被覆問題 集合分割問題	重みつき集合被覆・分割問題
スケジューリング問題 scheduling	ジョブショップ問題 勤務スケジューリング問題	1機械問題 並列機械問題 フローショップ問題 オープンショップ問題 看護師スケジューリング問題 乗務員スケジューリング問題
切出し・詰込み問題 cutting/packing	ナップサック問題 ビンパッキング問題 n次元詰込み問題	1次元資材切出し 長方形詰込み問題 多角形詰込み問題 3次元詰込み問題
配置問題 location	施設配置問題 容量制約なし施設配置問題	メディアン問題 センター問題
割当・マッチング問題 assignment/matching	2次割当問題 一般化割当問題 最大マッチング問題 重みマッチング問題 安定マッチング問題	最大重みマッチング問題 最小重み完全マッチング問題(割当問題) 安定結婚問題

図 2.1　組合せ最適化問題分類表

2.1 組合せ最適化を俯瞰する

本章では，対象となる問題の種類によって分類された標準問題について各々紹介していく．標準問題の分類リストは図 2.1 に示した通りである．一方で，組合せ最適化問題の分類については，数理モデルの特徴で数理問題として分類した．標準問題と数理問題の関係について，図 2.2 にまとめた．以下，図 2.2 の各層間の関係を説明する．

現実問題 ⇔ 標準問題

標準問題は，現実世界のいろいろな分野の問題を眺め，各分野の個別問題から少し抽象化して共通の問題構造としてまとめたものである．例えば，通信ネットワークのトポロジ設計と集積回路の配線設計は，ネットワーク最適化問題としての共通構造をもっているし，看護師や工場の従業員などの勤務スケジュール作成や工作機械のジョブ運営管理の間にはスケジューリングという共通項がある．

標準問題 ⇔ 数理問題

本章では，各標準問題に対して，数理モデルを具体的に示していく．これにより各標準問題が数理問題としてどの分類クラスになるのかわかる．

数理問題・標準問題 ⇔ 解法

上層の関係より，数理問題としてどの分類クラスになるのかがわかるので，問題クラスに対応した汎用的なアルゴリズム (厳密解法・近似解法) を選択して解けばよいことがわかる．1.2.1 項でアルゴリズム選択の考え方を紹介した．厳密解法および近似解法の詳細は第 3 章で紹介する．

グラフ・ネットワーク問題やマッチング問題などのいくつかの標準問題については，標準問題の個々の問題に対して，問題の特徴を利用した効率的なアルゴリズムが知られており，これらも本章で案内する．

図 2.2 には各層間の関係を線でつなぐことで示した．図の見やすさを考慮してすべてを網羅しているわけではないことに注意してほしい．各層の階層関係と各層間の対応は 1 対 1 のような簡単な構造ではないことを理解していただければよい．

現実世界の問題

課題1, 課題2, 課題3, 課題4, 課題5, 課題6, 課題7 …

【分類Ⅱ】標準問題

- グラフ・ネットワーク問題
  - 最小(全域)木問題
  - 最大安定集合問題
  - 最大カット問題
  - 最小頂点被覆問題
  - 最短路問題
  - 最大流問題
  - 最小費用流問題

- 経路問題
  - 運搬経路問題
  - 巡回セールスマン問題

- 集合被覆・分割問題
  - 集合被覆問題
  - 集合分割問題

- スケジューリング問題
  - ジョブショップ問題
  - 勤務スケジューリング問題

- 切出し・詰込み問題
  - ナップサック問題
  - ビンパッキング問題
  - n次元詰込み問題

- 配置問題
  - 施設配置問題
  - 容量制約なし施設配置問題

- 割当・マッチング問題
  - 2次割当問題
  - 一般化割当問題
  - 最大マッチング問題
  - 重みマッチング問題
  - 安定マッチング問題

【分類Ⅰ】数理問題

- 線形整数最適化問題
- 非線形整数最適化問題

解法

- 厳密解法
  - 分枝限定法

- 近似解法
  - 貪欲法
  - 局所探索
  - メタヒューリスティクス

- 標準問題個々の問題の特徴を活用した効率的アルゴリズム
  - ダイクストラ法
  - フロー増加法
  - 負閉路除去法
  - ハンガリー法
  - エドモンズ法

問題クラスに対応した汎用性のあるアルゴリズム

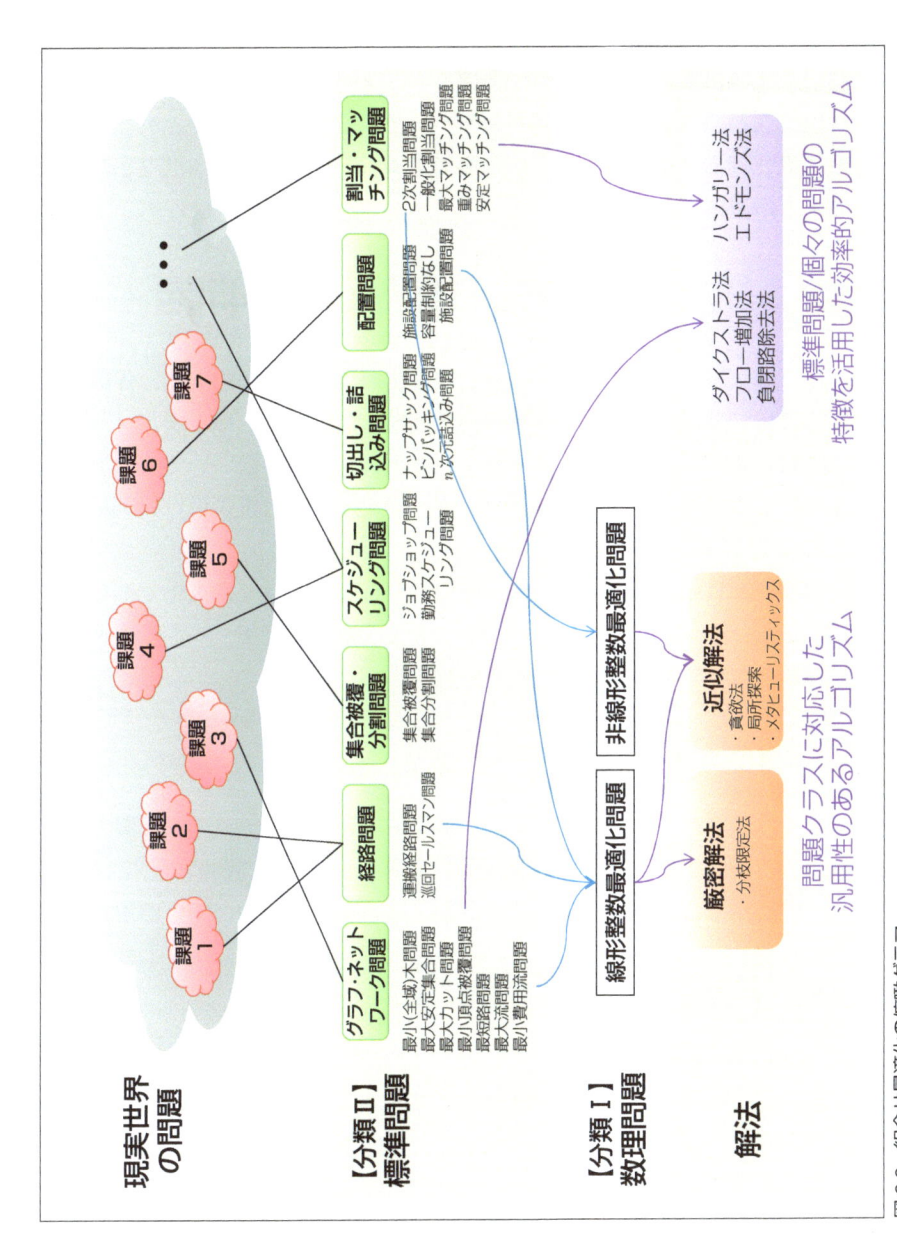

図2.2 組合せ最適化の俯瞰グラフ

数理最適化の理論の理解も大切であるが，図1.6に示した最適化による問題解決を実現すること，いい換えると，最適化の「使いこなし」としては，対象問題がどのあたりの問題として数理モデリングできるのか，定式化した数理最適化問題の難しさはどの程度なのか，どの解法を適用すべきかといったことに気づける感覚を磨くことが肝要である．そのためにも，図2.2の体系が考え方の基本となる．

2.2 組合せ最適化の類型: 標準問題

本節では，図2.1に列挙した組合せ最適化問題を順に解説する．各標準問題クラスについて，どのような具体的な問題があるのか，最小限というつもりで問題を厳選した．以下では，各々の標準問題クラスについて取り上げた具体的な最適化問題に対して，「問題定義」「数理モデル (定式化)」「解法」「事例」の構成で簡潔に説明していく．

一般に，同じ組合せ最適化問題でもいろいろなやり方で定式化できる．その例として，最小 (全域) 木問題の場合にいくつかの数理モデルを示すが，ほかの問題については標準的な定式化を採用して示す．

2.2.1 グラフ問題・ネットワーク問題

ここでは，グラフに関する基本的な典型的問題とネットワークに関する問題について紹介する．グラフの基本問題やネットワーク問題については，そのままの応用もあるが，より複雑な問題において部分問題として活用されることも多い．

まずグラフの基本的な問題から説明する．

最小 (全域) 木問題

無向グラフ $G = (V, E)$ の各辺 $e \in E$ に重み $w(e)$ (非負の実数値) が与えられているとする．グラフ G 上において全節点 V を点集合として木になっている部分グラフを**全域木 (spanning tree)** と呼ぶ．つまり，全域木とは，与えられた無向グラフのすべての節点をつなぐ木のことであり，連結グラフから適当な辺を取り除いていき，閉路をもたない木の形にしたものである．よっ

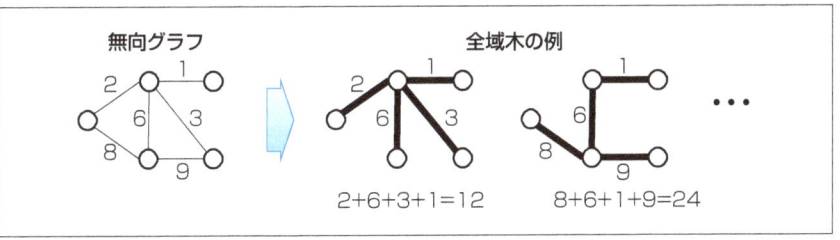

図 2.3 全域木

て，連結グラフのすべての節点とそのグラフを構成する辺の一部分のみで構成される (図 2.3 参照)．グラフ G 上の全域木 $T = (V, E_T)$ の重みを T 上の辺の重みの総和 $\sum_{e \in E_T} w(e)$ と定め，重みが最小になるように辺を選んで作った全域木のことを最小全域木 (minimum spanning tree) という．最小全域木を求める問題を最小全域木問題 (minimum spanning tree problem) という．日本語では簡単に最小木問題ということも多い．

─ 最小全域木問題 ─

無向グラフ $G = (V, E)$ 上の辺 e の重みを $w(e)$ とするとき，全域木 $T = (V, E_T)$ 上の辺の重みの総和 $\sum_{e \in E_T} w(e)$ が最小になる全域木を求めよ．

各辺 $e \in E$ に対して $x_e \in \{0, 1\}$ を設定し，辺 e が全域木を構成する辺であるとき $x_e = 1$ とする．このとき，最小全域木問題は以下のように定式化できる．

$$
\begin{aligned}
&\text{目的関数:} \quad \sum_{e \in E} w(e) x_e \quad \to \text{最小} \\
&\text{制約条件:} \quad \sum_{e \in C} x_e \leq |C| - 1 \quad \forall C : G \text{の閉路} \\
&\qquad\qquad \sum_{e \in \delta(S)} x_e \geq 1 \quad \forall S \subset V : S \neq \emptyset, S \neq V \\
&\qquad\qquad x_e \in \{0, 1\} \quad \forall e \in E
\end{aligned}
\tag{2.1}
$$

ここで，$\delta(S)$ は，$S \subset V$ に一方の端点，$V \setminus S$ にもう一方の端点をもつ辺全体の集合とする．(2.1) の制約条件は，「T が閉路を含まない，かつ，連結であること」，つまり，T が木である必要十分条件を表現している．制約条

件の 2 つの不等式は，全域木の辺集合であるための条件を表している．1 番目の条件は，閉路がないことを表しており，2 番目の条件は，連結であることつまり任意の 2 節点間に路が存在することを示している．最小全域木問題 (2.1) は，整数最適化問題であることがわかる．

T が木である必要十分条件としては，「T は連結である，かつ，$|E_T| = |V|-1$」でもよい．この条件に従うと，最小全域木問題は以下のように定式化できる．

$$
\begin{aligned}
&\text{目的関数：} \sum_{e \in E} w(e) x_e \to \text{最小} \\
&\text{制約条件：} \sum_{e \in \delta(S)} x_e \geq 1 \quad \forall S \subset V : S \neq \emptyset, S \neq V \\
&\phantom{\text{制約条件：}} \sum_{e \in E} x_e = |V| - 1 \\
&\phantom{\text{制約条件：}} x_e \in \{0, 1\} \quad \forall e \in E
\end{aligned}
\tag{2.2}
$$

さらに，「T は閉路を含まない，かつ，$|E_T| = |V|-1$」という条件も，T が木であるための必要十分条件である．

$$
\begin{aligned}
&\text{目的関数：} \sum_{e \in E} w(e) x_e \to \text{最小} \\
&\text{制約条件：} \sum_{e \in C} x_e \leq |C| - 1 \quad \forall C : G \text{ の閉路} \\
&\phantom{\text{制約条件：}} \sum_{e \in E} x_e = |V| - 1 \\
&\phantom{\text{制約条件：}} x_e \in \{0, 1\} \quad \forall e \in E
\end{aligned}
\tag{2.3}
$$

このように，同じ組合せ最適化問題でも複数の定式化の仕方が存在する．もちろん，いずれも正しい定式化であるが，最適化の計算をする際に計算効率に違いが現れることに留意したい．正しい定式化の中で最適化の計算効率の観点で「よい」定式化があるといえる．

注 9. 厳密にいえば，$|E_T| = |V|-1$ の条件を使うには，辺の自己ループ (入りと出が同じ節点) や多重辺 (同じ節点間の辺) が存在してはいけない．

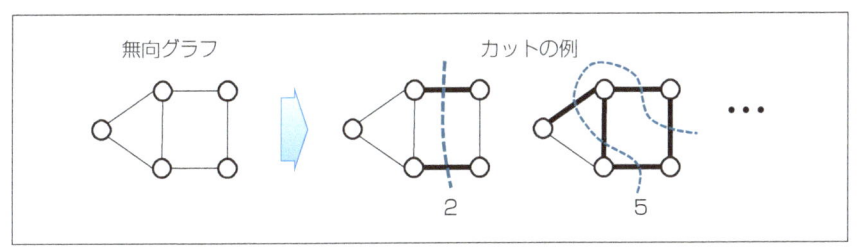

図 2.4 カットの例

解法 組合せ最適化問題に対するアルゴリズム設計において，基本的な考え方の 1 つである貪欲法 (greedy method) がある．貪欲法は，解を段階的に構築していく際に，常にその段階で最良と思われるものを取り入れていく方法で，大域的最適解が構築できる保証はないが，問題によっては非常に効率的に最適解を得ることができる (3.6.1 項)．最小全域木問題がその典型的な例の 1 つである．例えば，クラスカル法 (Kruskal method) やプリム法 (Prim method) と呼ばれる貪欲法ベースの多項式時間アルゴリズムがある．クラスカル法については 3.6.1 項で紹介する．プリム法については文献 [1] を参照されたい．

事例 最小全域木問題はデータのクラスター分析やネットワークの設計 (施設内の LAN の構築，電力会社の送電線ネットワーク構築) などの応用をもつ．

最大カット問題

無向グラフ $G = (V, E)$ において，V を 2 つの部分集合 $V_1, V_2 (V_1 \cap V_2 = \emptyset, V_1 \cup V_2 = V)$ に分割する組合せを考える．この分割の組合せをカット (cut) という (図 2.4 参照)．カットのうち，それらの部分集合間の辺に付与された重みの総和が最大となる分割を求める問題を最大カット問題 (maximum cut problem) という．

最大カット問題

無向グラフ $G = (V, E)$ において，各辺 $e_{ij} = (v_i, v_j) \in E$ に非負整数 w_{ij} が重みとして付与されているとする．このとき，$\sum_{v_i \in V_1, v_j \in V_2} w_{ij}$ を最大にする V_1, V_2 $(V_2 = V \setminus V_1)$ を求めよ．

各節点 v_i に $u_i \in \{-1, 1\}$ を設定し，分割した集合の一方 V_1 に属する場合に $+1$，V_2 に属する場合に -1 を割当てると，最大カット問題は以下のように定式化される．

$$\begin{array}{ll} \text{目的関数:} & \frac{1}{2}\sum_{v_i, v_j \in V, i<j} w_{ij}(1 - u_i u_j) \quad \to \text{最大} \\ \text{制約条件:} & u_i \in \{-1, 1\} \quad \forall v_i \in V \end{array} \quad (2.4)$$

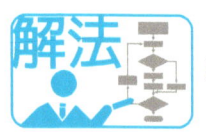

解法 あるカットが最大であるかを判定する問題は，$\mathcal{NP}$ 完全問題である．つまり，効率的に近似解を求めるメタヒューリスティックな探索手法は存在するが，多項式時間で最大カットを求めるアルゴリズムは存在しないと広く信じられている．一方で，最小カットを求める最小カット問題 (minimum cut problem) には多項式時間のアルゴリズムが存在する．最小カット問題については，ネットワーク問題の中の最大流問題の双対問題として解説する (2.2.1.6 項，3.1.2 項参照)．

注 10. 最小カット問題と双対をなすのは最大カット問題ではなく，最大流問題である．

事例 最大カット問題は，ネットワークの監視の効率化などに用いられるが，より複雑な組合せ最適化問題の部分問題として使われることも多い．

最小頂点被覆問題

本書では，グラフの点を「節点」と呼んでいるが，ここでは問題の呼び名の慣例に従って「頂点」と呼ぶことにする．

無向グラフ $G = (V, E)$ において，頂点被覆 (vertex cover) とは，頂点の集合 $C \subseteq V$ であり，G のどの辺も少なくとも一方の端点が C に含まれるものである．図 2.5 に頂点被覆の例を示す．頂点被覆の要素を●で表している．要素数 $|C|$ が最小となる頂点被覆を求めるのが最小頂点被覆問題 (minimum vertex cover problem) である．

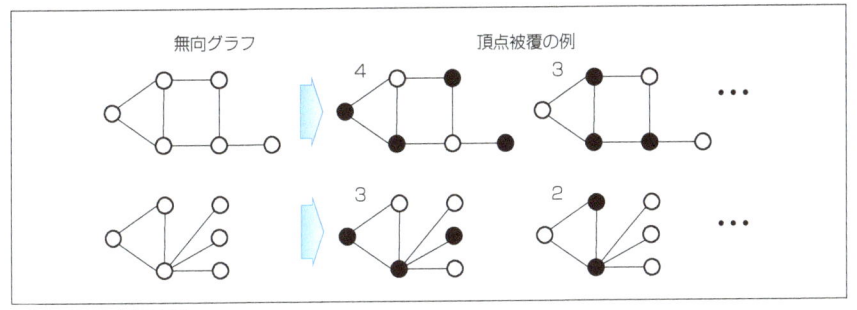

図 2.5　頂点被覆の例

最小頂点被覆問題

　無向グラフ $G = (V, E)$ において頂点被覆 C のうち要素数 $|C|$ が最小のものを求めよ．

最小頂点被覆問題は，整数最適化問題として定式化できる．

ここでは，少し問題を拡張して，各頂点 $v_i \in V$ に重み $w(v_i)$ が与えられている状況を考えよう．このとき，重みの和を最小にする頂点被覆を求める問題を考える．この問題は，重みつき最小頂点被覆問題 (minimum weighted vertex cover problem) と呼ばれる．頂点 v_i が頂点被覆に含まれるとき 1，含まれないとき 0 となる 0-1 変数を x_i とすると，重みつき最小頂点被覆問題は以下のように定式化される．

$$
\begin{aligned}
&\text{目的関数:} \quad \sum_{v_i \in V} w(v_i) x_i \quad \to \text{最小} \\
&\text{制約条件:} \quad x_i + x_j \geq 1 \quad \forall e_{ij} = (v_i, v_j) \in E \\
&\qquad\qquad\quad x_i \in \{0, 1\} \quad \forall v_i \in V
\end{aligned}
\tag{2.5}
$$

1 つ目の制約は，グラフ G のすべての辺を被覆することを表している．この問題も，整数線形最適化問題となっていることに注意されたい．

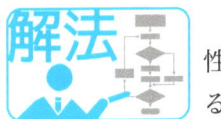

最小頂点被覆問題は $\mathcal{NP}$ 困難問題の 1 つであり，決定性の多項式時間アルゴリズムは存在しないと考えられている．したがって，効率的に近似解を求めるメタヒューリスティックな探索手法を使うことが多い．

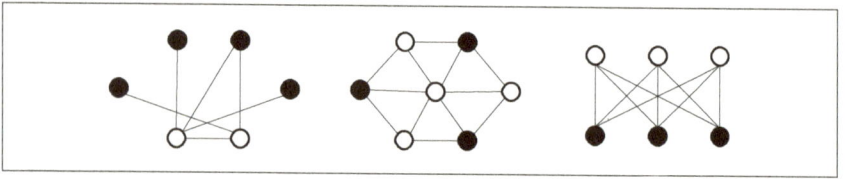

図 2.6 安定集合の例

> 最小頂点被覆問題は，配置計画 (最小人数での交差点の警備員配置計画) などに使われるが，より複雑な組合せ最適化問題の部分問題として使われることが多い．

最大安定集合問題

安定集合 (stable set) とは，無向グラフ $G = (V, E)$ において，互いに隣接していない節点の集合のことをいう．すなわち，節点集合 $S \subseteq V$ で S の任意の 2 つの節点をつなぐ辺が存在しない場合をいう．安定集合の例を図 2.6 に示す．安定集合のことを独立集合 (independent set) ともいう．要素数 $|S|$ が最大の安定集合 S を求める問題を最大安定集合問題 (maximum stable set problem) という．

無向グラフ $G = (V, E)$ の節点の部分集合 $C \subseteq V$ のうち C に属するあらゆる 2 つの頂点をつなぐ辺が存在する場合，C をクリーク (clique) という．すなわち，C がクリークであるとは，C から誘導される部分グラフが完全グラフであることと等価である．クリークは安定集合の逆の概念といえて，補グラフの安定集合と対応する．よって，最大安定集合問題は G の補グラフに対する最大のクリークを求める問題 (最大クリーク問題) と等価である．また安定集合に含まれない節点は頂点被覆をなし，逆も成り立つため最小頂点被覆問題とも等価である．

> **最大安定集合問題**
> 無向グラフ $G = (V, E)$ において，要素数が最大の安定集合を求めよ．

各頂点 v_i に変数 x_i を割当て，v_i が安定集合に含まれるとき $x_i = 1$，安定集合に含まれないとき $x_i = 0$ として定式化すると以下の整数最適化問題が得られる．制約条件は，辺の両端点が安定集合に含まれないことを表している．

$$
\begin{aligned}
&\text{目的関数:} && \textstyle\sum_{v_i \in V} x_i \quad \to \text{最大} \\
&\text{制約条件:} && x_i + x_j \leq 1 \quad \forall e_{ij} = (v_i, v_j) \in E \\
& && x_i \in \{0,1\} \quad \forall v_i \in V
\end{aligned}
\tag{2.6}
$$

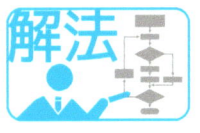

解法 この問題は，$\mathcal{NP}$ 困難問題であることが知られている．よって，効率的に近似解を求めるメタヒューリスティックな探索手法を使うことが多い．

事例 最大安定集合問題は，人のネットワークにおいて節点が人で，知っている場合に辺があるとみなせば，直接友達関係にはない人たちの最大数を求めることに対応する．また，しばしば，より複雑な組合せ最適化問題の部分問題として使われる．

ここまで，グラフの基本問題をみてきた．次に，代表的なネットワーク問題を紹介する．これらの問題は基本的には整数線形最適化問題でありその特別な場合とみなすことができる．しかし，いずれも各ネットワーク問題の構造をうまく利用することで効率的なアルゴリズムを構成できる例になっている．

最短路問題は，あるコストを最小にする路を求める問題であるが，最大流問題と最小費用流問題は，ある尺度を最適にする流れ (フロー) を求めることが目的である．

最短路問題

与えられたネットワーク上でコスト (距離・費用・時間) が最小となる 2 点間の経路を求める問題を最短路問題 (shortest path problem) という．図 2.7 に簡単な例を示す．

最短路問題

有向グラフ $G = (V, E)$ の各辺 $e_{ij} = (v_i, v_j) \in E$ がコスト a_{ij} をもつとする．このとき，ある節点 $v_s \in V$ から別の節点 $v_t \in V$ への路の中で最もコストの小さいものを求めよ．

路が辺 e_{ij} を通る場合には $x_{ij} = 1$，通らない場合には $x_{ij} = 0$ となる変数

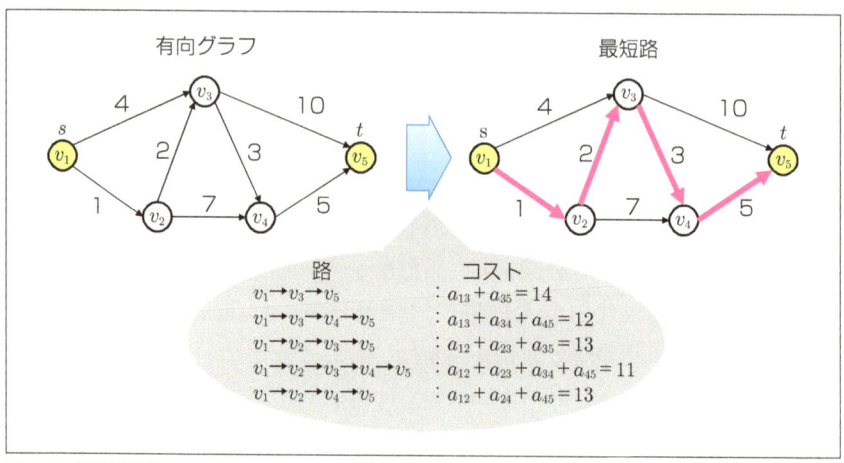

図2.7 最短路問題

x_{ij} を導入する．すると，最短路問題は以下のように整数線形最適化問題として定式化できる．

$$
\begin{aligned}
&\text{目的関数:} \quad \sum_{e_{ij} \in E} a_{ij} x_{ij} \quad \to \text{最小} \\
&\text{制約条件:} \quad \sum_{v_j \in V} x_{ij} - \sum_{v_k \in V} x_{ki} = \begin{cases} 1, & i = s \text{のとき} \\ -1, & i = t \text{のとき} \\ 0, & \text{それ以外のとき} \end{cases} \\
&\quad x_{ij} \in \{0, 1\} \quad \forall e_{ij} \in E
\end{aligned}
\tag{2.7}
$$

解法 最短路問題では，特定の2つの節点間を考える場合だけでなく1つの節点からほかの全節点との間の最短路を考えることもある．前者を**2頂点対最短路問題**，後者を**単一始点最短路問題**という．さらに，すべての2節点の組み合わせについての最短路を考える場合，**全点対最短路問題**と呼ぶ．

各最短路問題については，実用的なアルゴリズムが提案されている．単一始点最短路問題を解くアルゴリズムとしては，コストが非負の場合にはダイクストラ法 (**Dijkstra method**)，負のコストも許す場合にベルマン・フォー

ド法 (Bellman-Ford method) がよく知られている．ダイクストラ法については，3.1.1 項で紹介する．ベルマン・フォード法については文献 [1] を参照されたい．全点対最短路問題については多項式時間アルゴリズムであるワーシャル・フロイド法 (Warshall-Floyd method) が知られている (例えば，文献 [4] を参照)．2 頂点対最短路問題については，一般にダイクストラ法など単一始点最短路問題のアルゴリズムを使用する．

最短路問題の応用には，鉄道の経路案内や車のナビゲーションなどがある．鉄道案内の場合，駅を節点とし駅と駅の所要時間を重みとした辺として，鉄道線路をグラフ化して最短路を求めている．

最大流問題

ある地点からほかの地点に物資を送るとする．このとき，いくつかの地点を経由し，分岐や合流をしながら物資が送られるとする．送られる過程で，それぞれの地点からそれぞれの地点に 1 度に送ることのできる量の上限値 (容量) が決まっているとき，全体で 1 度に送れる量の最大値を求める問題を最大流問題 (maximum flow problem) という．ここで，始点となる節点 $v_s \in V$ をソース (供給節点)，終点となる節点 $v_t \in V$ をシンク (需要節点) と呼ぶ．

有向グラフ $G = (V, E)$ の各辺 $e_{ij} = (v_i, v_j) \in E$ 上の流れの大きさを x_{ij} とし，辺 e_{ij} の容量を u_{ij} とする．各辺の流れの大きさが非負 ($x_{ij} \geq 0$) で，各辺の容量を超えず各節点での正味の流出量が供給量と等しくなるような $x = (x_{ij})$ をフローと呼ぶ．図 2.8 にフローの例を示している．

> **最大流問題**
>
> 有向グラフ $G = (V, E)$ において，ある節点 $v_s \in V$ (ソース) から別の節点 $v_t \in V$ (シンク) への総流量が最大となるフローを求めよ．

ここで，各節点 $v_i \in V$ に対して，f_x を

$$f_x(v_i) = \sum_{\{j | e_{ji} \in E\}} x_{ji} - \sum_{\{j | e_{ij} \in E\}} x_{ij} \tag{2.8}$$

で定義する．これは，節点 v_i に入ってきた量から出ていく量を引いた値であるのでフロー x の節点 v_i における超過と呼ばれる．最大流問題は，以下の

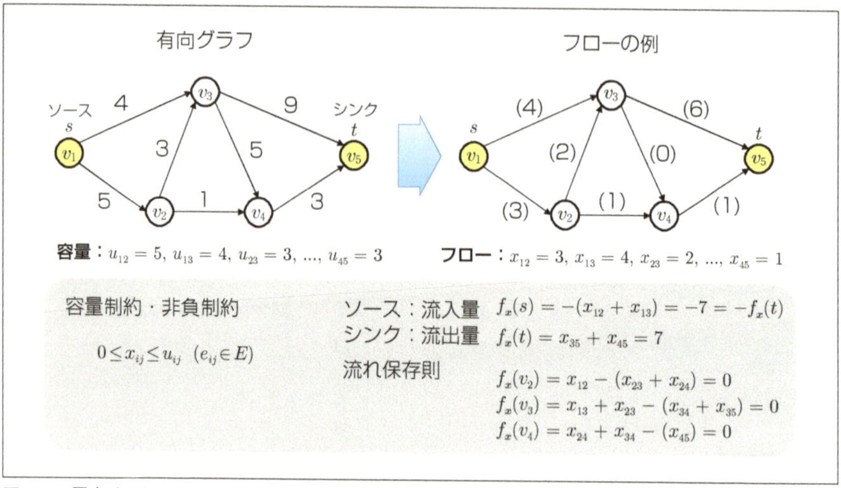

有向グラフ
フローの例
ソース
s
シンク
t
4
9
3
5
5
1
3
(4)
(6)
(2)
(0)
(3)
(1)
(1)
容量：$u_{12}=5,\ u_{13}=4,\ u_{23}=3,\ ...,\ u_{45}=3$
フロー：$x_{12}=3,\ x_{13}=4,\ x_{23}=2,\ ...,\ x_{45}=1$
容量制約・非負制約
$0 \leq x_{ij} \leq u_{ij}\ \ (e_{ij} \in E)$
ソース：流入量 $f_x(s)=-(x_{12}+x_{13})=-7=-f_x(t)$
シンク：流出量 $f_x(t)=x_{35}+x_{45}=7$
流れ保存則
$f_x(v_2)=x_{12}-(x_{23}+x_{24})=0$
$f_x(v_3)=x_{13}+x_{23}-(x_{34}+x_{35})=0$
$f_x(v_4)=x_{24}+x_{34}-(x_{45})=0$

図 2.8　最大流問題

ように線形最適化問題として定式化できる．

$$
\begin{aligned}
\text{目的関数:}\quad & f_{\boldsymbol{x}}(v_t) \quad \rightarrow \text{最大} \\
\text{制約条件:}\quad & f_{\boldsymbol{x}}(v_i) = 0 \quad \forall v_i \in V \setminus \{v_s, v_t\} \\
& 0 \leq x_{ij} \leq u_{ij} \quad \forall e_{ij} \in E
\end{aligned}
\tag{2.9}
$$

問題 (2.9) の 1 つ目の制約条件は，各節点において流入量と流出量が一致することを表しており，流れ保存則と呼ばれる．2 つ目の制約条件は，流れの量が非負で容量以下であることを示した容量制約条件になっている．流れ保存則と容量制約条件を満たす $\boldsymbol{x}=(x_{ij})$ がフローである．$f_{\boldsymbol{x}}(v_i)$ は節点 v_i への流入量から流出量を差し引いた値であるので，シンクにおける $f_{\boldsymbol{x}}(v_t)$ が総流量になる．流れ保存則のもとでは，ソースからの流出量とシンクへの流入量は一致するので $f_{\boldsymbol{x}}(v_t)=-f_{\boldsymbol{x}}(v_s)$ となる．

解法　問題 (2.9) は，線形最適化問題になっているため 3.3 節で説明する方法で解くことが可能である．最大流問題では，ネットワークの性質をうまく活用した効率的な手法が存在する．それが フォード・ファルカーソン法 (**Ford-Fulkerson method**) であり，

フロー増加法 (augmenting path method) とも呼ばれる．フォード・ファルカーソン法は，3.1.2 項で紹介する．

事例 最大流問題は直接的には水や車などのネットワーク上での流れの問題に適用される．さらにスケジューリングから分子生物学など広範な適用先をもっている．

最小費用流問題

有向グラフ $G = (E, V)$ で与えられるネットワークにおいて，各辺の容量と費用，さらに節点の供給 (需要) 量が与えられたときに，容量制約と流れ保存則を満たす，つまり，各辺の容量を超えず各節点での正味の流出量が供給量と等しくなるような流れ (フロー) の中で，各辺の流量に対する費用の総和を最小にするフローを求める問題を最小費用流問題 (minimum cost flow problem) という．最小費用流問題の問題状況を図 2.9 に示す．最小費用流問題は，最大流問題と同様に，ある基準を最適化するフローを求める問題で，その目的は最短路問題と同様，コストの最小化である．よって，最小費用流問題は，最大流問題と最短路問題との両方の特徴をもっている問題である．

有向グラフ $G = (V, E)$ において各辺 $e_{ij} = (v_i, v_j) \in E$ 上のフローの大きさを x_{ij}，辺 e_{ij} の容量を u_{ij} とする．また，辺 e_{ij} の 1 単位のフローに対する費用を c_{ij} とし，各節点 v_i における需要および供給量を b_i で表す．節点 v_i は，$b_i > 0$ のときにソースであり，$b_i < 0$ のときはシンクである．$b_i = 0$ のとき需要・供給量が 0 なので通過節点という．最短路問題や最大流問題のように始点や終点は定めず，より一般に各節点ごとに需要・供給量を定義している．このとき，最小費用流問題は以下のように定義される．

最小費用流問題

有向グラフ $G = (V, E)$ において，各辺の容量と費用さらに節点の供給 (需要) 量が与えられたとき，各辺の容量を超過せず各節点での流出量が供給量と等しくなるフローの中で，各辺の流量に対する費用の総和が最小となるフローを求めよ．

最小費用流問題は，以下の線形最適化問題として定式化できる．ここで $f_x(v_i)$ は，v_i におけるフロー x に対する超過 (2.8) である．

有向グラフ　　　　　　　　　　フローの例

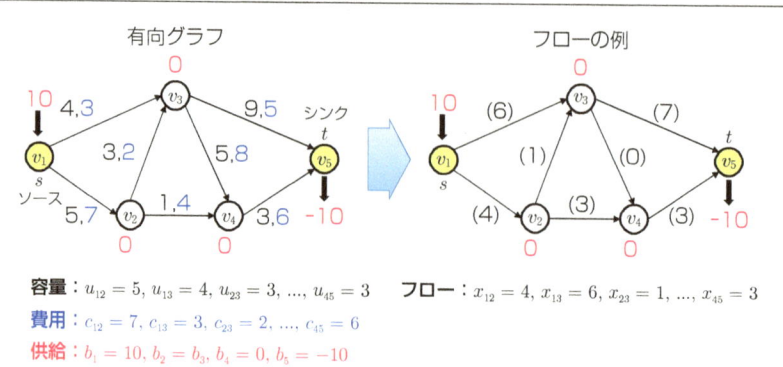

容量：$u_{12}=5, u_{13}=4, u_{23}=3, ..., u_{45}=3$
フロー：$x_{12}=4, x_{13}=6, x_{23}=1, ..., x_{45}=3$
費用：$c_{12}=7, c_{13}=3, c_{23}=2, ..., c_{45}=6$
供給：$b_1=10, b_2=b_3, b_4=0, b_5=-10$

容量制約・非負制約
$0 \leq x_{ij} \leq u_{ij} \quad (e_{ij} \in E)$

ソース：流入量　$b_1 = x_{12} + x_{13} = 10$
シンク：流出量　$b_5 = -x_{35} - x_{45} = -10$
流れ保存則
$b_2 = x_{12} - (x_{23} + x_{24}) = 0$
$b_3 = x_{13} + x_{23} - (x_{34} + x_{35}) = 0$
$b_4 = x_{24} + x_{34} - (x_{45}) = 0$

図 2.9　最小費用流問題

$$\begin{aligned}&\text{目的関数:} \quad \sum_{e_{ij} \in E} c_{ij} x_{ij} \rightarrow \text{最小} \\ &\text{制約条件:} \quad f_{\boldsymbol{x}}(v_i) = b_i \quad \forall v_i \in V \\ &\qquad\qquad\; 0 \leq x_{ij} \leq u_{ij} \quad \forall e_{ij} \in E \end{aligned} \quad (2.10)$$

注 11. 問題 (2.10) の制約条件を満足するフロー $\boldsymbol{x}$ が存在するためには，ネットワーク全体での需要・供給に過不足がないという条件 $\sum_{v_i \in V} b_i = 0$ が必要である．

解法 この問題は線形最適化問題として解くこともでき，特にネットワークの構造を利用した効率的なシンプレックス法であるネットワークシンプレックス法 (network simplex method) も提案されている．ネットワークシンプレックス法については文献 [16] を参照されたい．一方で，グラフ理論の考えに基づいた効率的なアルゴリズムが存在する．その中から負閉路除去法 (negative cycle canceling method) について 3.1.3 項で紹介する．

最小費用流問題は，ネットワークの最短コスト経路算出，ネットワークトポロジ設計，物資の輸送問題，さらには集積回路の配線配置設計などに応用されている．

2.2.2 経路問題

2.2.1 項で説明した最短路問題の類似問題で，与えられた始点からある条件に従って巡回する最短の閉路を求める問題を考える．

運搬経路問題

複数の顧客に対して複数の車両を用いて荷物を配送あるいは集荷するとき，コスト (総移動時間，総移動距離，総移動費用，必要な運搬車台数など) が最小の経路を求める問題を運搬経路問題 (vehicle routing problem: VRP) という．配送計画問題と呼ぶこともある．運搬経路問題の概念図を図 2.10 に示す．

各運搬車は，デポ (depot) と呼ばれる特定の施設から出発し，いくつかの顧客の需要を運搬または収集し再びデポに戻る．このときの 1 つの運搬車が訪れる顧客の順序をルート (route) と呼ぶ．入力としては，顧客の位置・需要量や利用可能な運搬車台数・運搬車の最大積載量・最大稼働時間・地点間の移動時間・移動距離・移動コストなどが与えられることになる．

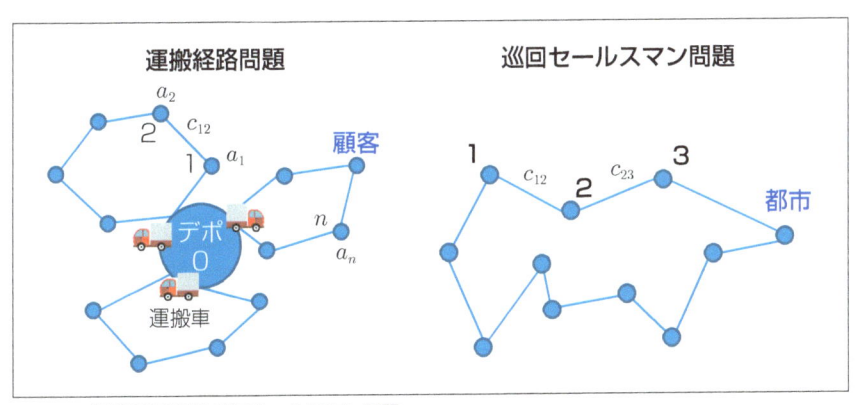

図 2.10 運搬経路問題と巡回セールスマン問題

ここでは，すべての運搬車の総移動コストの最小化を目的とし運搬車は等質であるとする．制約条件については最小限のものに限り簡単な設定で問題を定義し定式化する．いろいろな問題条件のもとで設定される運搬経路問題のバリエーションについて文献 [4] が詳しい．

> **運搬経路問題**
>
> 顧客の集合 $V = \{0, 1, \ldots, n\}$（ただし，「0」はルートの起点となるデポを表す）と運搬車の集合 $M = \{1, 2, \ldots, m\}$ が与えられている．各運搬車はデポから出発して割当てられた顧客集合を巡り配送を行いデポに戻る．各顧客 $i \in V$ についてサービスの需要量 は $a_i \, (\geq 0)$，各運搬車 $k \in M$ の最大積載量は $u \, (\geq 0)$ であり，顧客 i と顧客 j 間の移動コスト（距離や移動時間によって決まる）が c_{ij} であるとする．各顧客の需要は 1 台の運搬車の 1 度の訪問で満たされる．このとき，総移動コストが最小となるようにすべての運搬車のルートを求めよ．

ここで，x_{ij}^k を運搬車 k が顧客 i から顧客 j へ進むなら 1，そうでないなら 0 の値をとる 0-1 整数変数とし，運搬車 k が顧客 i およびそれまでに訪問した顧客についての需要量の総和を w_i^k とする．顧客の間を結ぶ辺の集合を E とし各辺 $(i, j) \in E$ は，i から j への向きとし，便宜上 E には両方向含まれるものとする．

運搬経路問題は次ページのように混合整数最適化問題として定式化される．

最初の制約条件は，運搬車がデポを通ることを表し，2 番目の条件は，各顧客のところで入次数と出次数が等しいことを表している．3 番目と 4 番目の制約は，運搬車が満たすべき需要量の条件である．運搬車の積載量の上限を表すのが 5 つ目の制約条件である．6 番目にすべての顧客へ運搬をするという条件が入っている．

目的関数: $\sum_{(i,j) \in E} c_{ij} \sum_{k \in M} x_{ij}^k$
制約条件:
$\sum_{j \in \{j|(0,j) \in E\}} x_{0j}^k = 1 \quad \forall k \in M$
$\sum_{j \in \{j|(i,j) \in E\}} x_{ij}^k = \sum_{j \in \{j|(j,i) \in E\}} x_{ji}^k \quad \forall i \in V, \forall k \in M$
$w_j^k \geq a_j - u(1 - x_{ij}) \quad \forall (i,j) \in E, i = 0, \forall k \in M$
$w_j^k \geq w_i^k + a_j - u(1 - x_{ij}) \quad \forall (i,j) \in E, i \neq 0, \forall k$
$w_i^k \leq u \quad \forall i \in V, \forall k \in M$
$\sum_{j \in \{j|(i,j) \in E\}} \sum_{k \in M} x_{ij}^k = 1 \quad \forall i \in V, i \neq 0$
$x_{ij}^k \in \{0, 1\} \quad \forall (i,j) \in E, \forall k \in M$
$w_i^k \geq 0 \quad \forall i \in V, \forall k \in M$

(2.11)

解法 運搬経路問題のバリエーションのほとんどは$\mathcal{NP}$困難であり, 多項式時間で厳密解を得ることは難しいとされている. そこで, 現実的には近似解法やメタヒューリスティックスが利用されている (文献 [4]).

運搬経路問題は, 2.2.3 項で紹介する集合被覆問題 (set covering problem: SCP) と定義されることもある (文献 [4]). この場合, 運搬経路問題は 0-1 整数最適化問題となる.

事例 運搬経路問題は, 店舗への配送, 郵便や新聞の配達, ゴミの収集, 航空機の路線決定や乗務員のスケジューリング, 災害復旧のスケジューリングなどの広範囲な問題をカバーする.

巡回セールスマン問題

都市の集合と 2 つの都市間の移動コストが与えられているとき, セールスマンがすべての都市を 1 回ずつ通り最初の都市に戻るルートのうち, 総コストが最小になるルートを求める問題を巡回セールスマン問題 (traveling salesman problem:TSP) という.

> **巡回セールスマン問題**
>
> n 個の点 (都市) の集合 V から構成されるグラフ $G = (V, E)$ および各辺に対するコストが与えられているとき，すべての点を 1 回ずつ経由する巡回路で辺上のコストの合計を最小にするものを求めよ．

都市のグラフ $G = (V, E)$ において，辺 $e_{ij} = (i, j) \in E$ に対する移動コストを c_{ij} とする．x_{ij} を e_{ij} が解に含まれるとき 1，そうでないとき 0 の値をとる 0-1 変数とするとき，一般に巡回セールスマン問題は次のように 0-1 整数最適化問題として定式化できる．

$$
\begin{aligned}
&\text{目的関数:} \quad \sum_{e_{ij} \in E} c_{ij} x_{ij} \quad \rightarrow \text{最小} \\
&\text{制約条件:} \quad \sum_{j=1}^{n} x_{ij} = 1 && \forall i \in V \\
&\quad\quad\quad\quad\quad \sum_{i=1}^{n} x_{ij} = 1 && \forall j \in V \\
&\quad\quad\quad\quad\quad \sum_{e_{ij} \in \delta(S)} x_{ij} \geq 1 && \forall S \subset V, S \neq \emptyset, S \neq V \\
&\quad\quad\quad\quad\quad x_{ij} \in \{0, 1\} && \forall i, j \in V, i \neq j
\end{aligned}
\quad (2.12)
$$

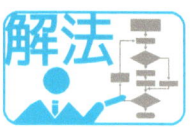

解法 巡回セールスマン問題は，最もよく知られた組合せ最適化問題の 1 つで，$\mathcal{NP}$ 困難な問題であり，問題が大規模である場合，厳密解を求めることが非常に困難であることが知られている．このため短時間で十分によい解を出す近似解法の研究がさかんに行われている．組合せ最適化問題に対する解法のさまざまなアイデアが，この問題を対象として提案されてきている (文献 [17] が詳しい)．したがって，巡回セールスマン問題は，実際的には 3.6 節で紹介する各種の解き方で解くことになる．

事例 巡回セールスマン問題は，配送計画問題やプリント基板へのドリルの穴あけ問題，VLSI 設計など幅広い分野に応用されている．

2.2.3 集合被覆問題

いくつかの要素からなる集合 M と，M の部分集合族が与えられ，各部分集合にはコストが与えられているとする．M のすべての要素をカバーするようにいくつかの部分集合を選び，選んだ部分集合のコストの総和を最小にするのが集合被覆問題 (set covering problem: SCP) である．このとき選ばれた部分集合が互いに重ならないという条件を課す場合を集合分割問題 (set partitioning problem: SPP) という．

集合被覆・分割問題

集合 $M = \{1, \cdots, m\}$ の n 個の部分集合 $S_j (\subseteq M), j \in N = \{1, \cdots, n\}$ を考える．N の部分集合 $X (\subseteq N)$ が

$$\bigcup_{j \in X} S_j = M$$

を満たすような集合の族 $\{S_j | j \in X\}$ を，集合 M の被覆 (covering) という．集合 M の集合被覆で，さらに $S_j \cap S_k = \emptyset, j, k \in X, j \neq k$ が成り立つ場合，これを集合 M の分割 (partitioning) という．

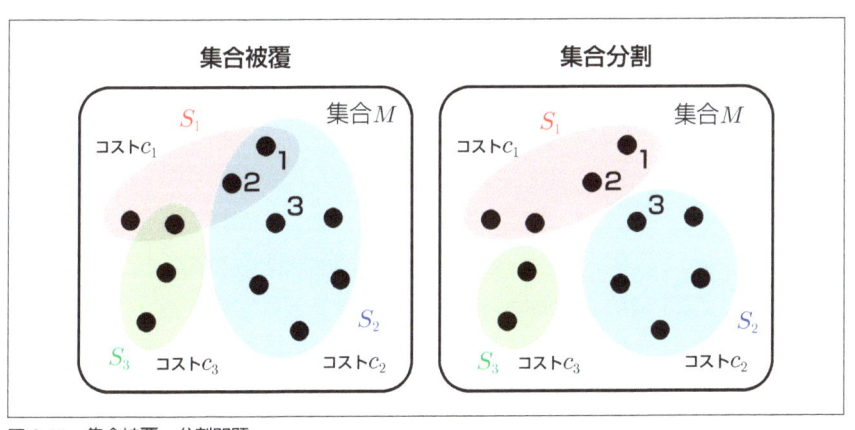

図 2.11 集合被覆・分割問題

> **集合被覆・分割問題**
>
> 集合 $M = \{1, \cdots, m\}$ の n 個の部分集合 $S_j (\subseteq M)$, $j \in N = \{1, \cdots, n\}$ に対してコスト c_j が与えられているとする．コストの総和が最小となる M の被覆 $X(\subseteq N)$ を求めよ．また，コストの総和が最小となる M の分割を求めよ．

問題の定式化に向けて，$i \in S_j$ ならば $a_{ij} = 1$ そうでなければ $a_{ij} = 0$ となる a_{ij} を要素として並べた行列 $\boldsymbol{A} = (a_{ij})$ を導入する．^{T} で転置を表すとすると，行列 $\boldsymbol{A}$ の列 $\boldsymbol{a}_j = (a_{1j}, a_{2j}, \ldots, a_{mj})^T$ は S_j に対応しており $S_j = \{i | a_{ij} = 1, i \in M\}$ と表せる．$\boldsymbol{x}_j = (x_1, x_2, \ldots, x_n)^T$ は，$j \in X$ ならば $x_j = 1$ そうでなければ $x_j = 0$ となる決定変数とする．

このとき，集合被覆問題と集合分割問題は 0-1 整数最適化問題として定式化できる．

> **集合被覆問題 (SCP)**
>
> $$\begin{aligned}
> \text{目的関数:} \quad & \sum_{j=1}^{n} c_j x_j \to \text{最小} \\
> \text{制約条件:} \quad & \sum_{j=1}^{n} a_{ij} x_j \geq 1, \quad i \in M \\
> & x_j \in \{0, 1\}, \quad j \in N
> \end{aligned} \tag{2.13}$$

> **集合分割問題 (SPP)**
>
> $$\begin{aligned}
> \text{目的関数:} \quad & \sum_{j=1}^{n} c_j x_j \to \text{最小} \\
> \text{制約条件:} \quad & \sum_{j=1}^{n} a_{ij} x_j = 1, \quad i \in M \\
> & x_j \in \{0, 1\}, \quad j \in N
> \end{aligned} \tag{2.14}$$

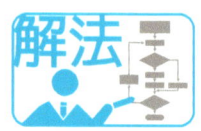

解法 集合被覆問題は $\mathcal{NP}$ 困難な問題として知られており，現実的な時間で最適解を求めることは困難である．線形最適化緩和やラグランジュ緩和といった緩和手法を利用した効率的な手法が多く提案されている．緩和手法については，1.2.2 項でも説明したが，集合被覆問題に対する緩和手法をはじめ各種のアルゴリズムについて，詳細は文献 [13] を参照されたい．

事例 集合被覆問題は，運搬経路問題 (2.2.2 項)，スケジューリング問題 (2.2.4 項)，施設配置問題 (2.2.6 項)，割当問題 (2.2.7 項) などさまざまな現実的な問題の中に現れる．集合被覆問題の応用は別の標準問題である．つまり，集合被覆問題が組合せ最適化問題において重要な基本的な問題構造であることがわかる．

2.2.4 スケジューリング問題

多くの仕事や活動 (これをジョブ (job) という) をさまざまな制約のもとで実行しなければならないとき，実行可能なスケジュールや最適なスケジュールを求める問題をスケジューリング問題 (scheduling problem) という．生産，配送，プロジェクト，人員勤務のスケジューリングなど，効率的な業務の運用が求められるあらゆる場面においてスケジューリング問題が現れる．

ここでは，スケジューリング問題の代表的な問題であるジョブショップ問題 (job shop problem) と勤務スケジューリング問題 (rostering problem) について紹介する．

ジョブショップ問題

機械加工工場などで同種の機能や性能をもつ機械設備をグループ化して編成した機能別配置工程のことをジョブショップ (job shop) という．同種の機械設備をまとめることから，機能や単一作業の管理は容易になるが，製品，組立品，部品を製造する経路ごとに，リードタイムなど多様となり，ジョブショップ全体の効率的な運営・管理は難しくなる．

ジョブごとに指定された順序で順次処理されるジョブショップにおいて，所与の評価基準 (目的関数) を最適にするよう各機械におけるジョブの処理順序を決定する問題をジョブショップ問題という．

最も基本的なジョブショップ問題は，**1 機械問題** (one-machine problem) で，すべてのジョブを 1 台の機械で処理するときにジョブの最適処理順序を決定するスケジューリング問題である．図 2.12 に 1 機械問題の例を示す．

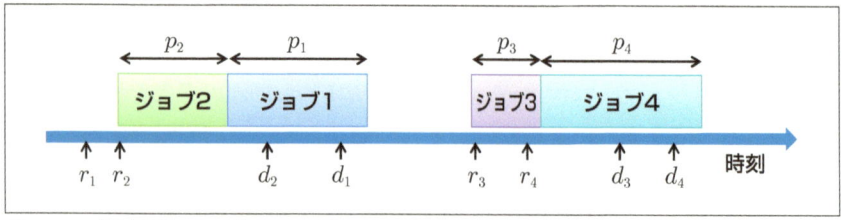

図 2.12　1 機械問題のスケジュールの例

---
1 機械問題

　与えられた n 個のジョブ $V = \{1, \ldots, n\}$ を 1 台の機械で処理するとする．各ジョブ i の処理時間は p_i である．機械は 1 度に 1 つのジョブしか処理できず，あるジョブの処理中はほかのジョブは処理できない．また，各ジョブ i には，準備時間 r_i と納期 d_i が与えられる．つまり，ジョブ i の処理は r_i より前には開始できず，d_i より前に完了したい．次のジョブが処理可能な場合はすぐに開始するとする．このとき，目的関数 f_{omp} を最小にするジョブの順列を求めよ．

---

1 機械問題におけるジョブの処理順序を表す変数として $x_{ij} \in \{0,1\}, i,j \in V$ を考える．$x_{ij} = 1$ のときジョブ i をジョブ j より前に処理し，$x_{ij} = 0$ のときジョブ i をジョブ j より後に処理することとする．ここで，$\boldsymbol{X} = (x_{ij})$ とする．

ジョブ i の完了時刻 c_i は

$$c_i = \max\{r_i, \max_{j \in \{j' \in V | x_{ij'} = 0\}} c_j\} + p_i$$

となる．1 機械問題の定式化を (2.15) に示す．

$$
\begin{aligned}
\text{目的関数:} \quad & f_{\mathrm{omp}}(\boldsymbol{X}) \quad \rightarrow \text{最小} \\
\text{制約条件:} \quad & c_i \geq r_i + p_i \quad \forall i \in V \\
& c_i \geq c_j + p_j - M x_{ij} \quad \forall i, j \in V, i < j \\
& c_i \leq c_j - p_i + M(1 - x_{ij}) \quad \forall i, j \in V, i < j \\
& c_i \leq d_i
\end{aligned}
\tag{2.15}
$$

M は十分大きな値 (例えば最終完了時刻) とする．

目的関数 $f_{\text{omp}}(\boldsymbol{X})$ としては，最後のジョブの終了時刻である最終完了時刻 $\max_{i \in V} c_i$ や，各ジョブが機械内に滞留していた時間の和である総滞留時間 $\sum_{i \in V}(c_i - r_i)$，さらには納期の遅れを許容した場合に納期からの最大の遅れ $\max_{i \in V}\{c_i - d_i\}$ など，さまざま考えられる．納期からの遅れを認める場合には，制約条件 $c_j \leq d_i$ ははずして考えることに注意．

問題の設定を一部変えることによって種々のモデルが考えられる．例えば，並列機械問題 (parallel-machine problem) は，2台以上の機械で各ジョブはいずれか1台で1度だけ処理されるとき，各ジョブに対する機械の割当と各機械に割当てられたジョブの処理順序を決定する問題である．工程順序がどのジョブについても同じ場合を特にフローショップ問題 (flow shop problem)，ジョブの一部またはすべての工程順序が任意で，工程順序も最適化の対象となる場合，オープンショップ問題 (open shop problem) と呼ぶ．ジョブショップ問題のさまざまなバリエーションやその解法の詳細は，文献 [18, 19] などを参照されたい．

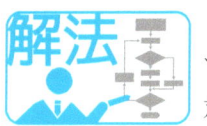

1機械問題については，課せられる条件や目的関数によってさまざまな解法が研究されている．2機械の機械問題に対してはジョンソン法 (Johnson's algorithm) と呼ばれる効率的な厳密解法がある．これについては 3.6.1 項で紹介する．より詳しくは文献 [18] などを参照されたい．多くのスケジューリング問題が $\mathcal{NP}$ 困難になることが証明されている．しかし，$\mathcal{NP}$ 困難問題でも，工夫された分枝限定法 (branch and bound method) などを用いることによってかなりジョブ数が大きな問題例まで解ける場合もあり，また実際上のスケジューリング問題に対しては効率的な近似解法が多く提案されている．各種アルゴリズムの詳細な内容については文献 [19] を参照されたい．

ジョブショップ問題は生産スケジューリング問題の典型的なモデルでさまざまな工程の効率化に適用されている．

勤務スケジューリング問題

工場の従業員，交通機関の乗務員，病院の看護師などさまざまな職場におけるある期間内の勤務スケジュールを作成するのが勤務スケジューリング問

題である．勤務スケジュールの作成においては，サービスの水準を確保しながら従業員の労働負荷を考慮し多様な要求を満たすように適切に行う必要があり，数多くの制約をもつ複雑な組合せ最適化問題となる．

勤務スケジューリング問題の代表的なものには，看護師スケジューリング問題 (nurse scheduling problem) や乗務員スケジューリング問題 (crew scheduling problem) がある．以下では，看護師スケジューリング問題について紹介する．乗務員スケジューリング問題は，飛行機，バス，列車などの交通機関においてすべての便を運航するのに必要な乗務員の勤務スケジュールを費用最小あるいは人数最小になるように作成する問題である．乗務員スケジューリング問題については，文献 [13] を参照されたい．文献 [13] は看護師スケジューリング問題についても詳しい．

対象となる看護師全員のある期間分のシフト (日勤，夜勤，休日，その他の業務など) を決定し，各看護師にはいずれかのシフトが毎日割当てられるようにするのが看護師スケジューリング問題である．勤務スケジュール作成の際に守るべき条件は以下のようにまとめられる．条件1と2が人員の組合せに関する条件，条件3～5が各看護師の勤務パターンに関する条件である．

拘束条件1: 毎日の各勤務に必要な人数確保
拘束条件2: スキルレベルや所属チームを考慮した各シフトの人員構成
拘束条件3: 決められた範囲内での各看護師について各勤務の回数
拘束条件4: その他の業務や休みの希望の充足
拘束条件5: 禁止されるシフトパターンの排除

看護師スケジューリング問題の定式化を考えてみよう．通常，上記の与えられた条件をすべて満足することは容易ではない．そのため，達成目標からの差を最小化することを考える．具体的には，必ず守る必要のある条件は制約条件 (絶対制約) として設定する．残りの条件は達成目標 (考慮制約) として扱い違反を許容し，未達成度 (例えば，考慮制約の違反数の総和) を目的関数とする．ただし，どの条件を絶対制約あるいは考慮制約にするかは実際の問題状況に依存するため，ここではすべて制約条件として取り扱っていることに注意されたい．

―― 看護師スケジューリング問題 ――――――――――

　看護師の人数，スケジュール日数，シフトの種類の数，スキルレベルやチーム構成などによるグループ，同じ勤務での組合せを避ける看護師ペアまたはグループ，毎日の各シフトに必要な看護師と各グループからの人数の上限と下限，各看護師の各勤務に対する回数の上限と下限，それら以外の業務の日程，休み希望日，そして禁止される勤務パターンが与えられたとき，これらの条件のもとでできるだけ希望目標が達成されるようなスケジュールを求めよ．

以下，典型的な状況を想定した問題設定において必要な記法を整理したのちに，定式化を示す．

$M = \{1, 2, \ldots, m\}$：看護師の集合
$N = \{1, 2, \ldots, n\}$：スケジュール対象となる日の集合
$W = \{1, 2, \ldots, w\}$：シフトの種類の集合
R：スキルレベルやチーム構成等による看護師のグループの集合
$G_r, r \in R$：グループ r に属する看護師の集合
$F_1 = \{(i, j, k), i \in M, j \in N, k \in W |$ 看護師 i の j 日はシフト k に決定 $\}$
$F_0 = \{(i, j, k), i \in M, j \in N, k \in W |$ 看護師 i の j 日に対してシフト k を禁止 $\}$
$P_h = \{(k_1, k_2, \ldots, k_h), k_1, k_2, \ldots, k_h \in W |$ シフト $k_1, k_2, \ldots, k_h$ の連続勤務を禁止 $\}(h = 2, 3, \ldots, n)$
$Q_h = \{(k, u, v), k \in W, u, v \in \{0, 1, \ldots, \} |$ シフト k は連続する h 日間に u 回以上 v 回以下 $\}(h = 2, 3, \ldots, n)$
$d_{jk}, j \in N, k \in W$：j 日のシフト k に必要な人数
$a_{rjk}, r \in R, j \in N, k \in W$：$j$ 日のシフト k に対するグループ r からの割当人数の下限
$b_{rjk}, r \in R, j \in N, k \in W$：$j$ 日のシフト k に対するグループ r からの割当人数の上限
$c_{ik}, i \in M, k \in W$：看護師 i のシフト k に対する勤務回数の下限
$e_{ik}, i \in M, k \in W$：看護師 i のシフト k に対する勤務回数の上限

$x_{ijk}, i \in M, j \in N, k \in W$: 看護師 i の j 日のシフトを k にするとき 1,そうでないとき 0 をとる 0-1 変数

$S = \{s|s$ は達成したい条件や希望 (考慮制約)$\}$

$f_s(\boldsymbol{x}), s \in S$: $\boldsymbol{x}$ で与えられるスケジュールの考慮制約 $s \in S$ に対する未達成度

$$\text{目的関数}: \sum_{s \in S} f_s(\boldsymbol{x}) \quad \to \text{最小} \tag{2.16}$$

$$\text{制約条件}: \sum_{i \in M} x_{ijk} \geq d_{jk}, \quad \forall j \in N, \forall k \in W \tag{2.17}$$

$$a_{rjk} \leq \sum_{i \in G_r} x_{ijk} \leq b_{rjk}, \ \forall r \in R, \forall j \in N, \forall k \in W \tag{2.18}$$

$$c_{ik} \leq \sum_{j \in N} x_{ijk} \leq e_{ik}, \quad \forall i \in M, \forall k \in W \tag{2.19}$$

$$x_{ijk} = \tau, \quad \forall (i,j,k) \in F_\tau, \forall \tau \in \{0,1\} \tag{2.20}$$

$$\sum_{\alpha=1}^{h} x_{i,j+\alpha-1,k_\alpha} \leq h-1$$

$\forall i \in M, \quad \forall j \in \{1,\ldots,n-h+1\},$

$$\forall (k_1, k_2, \ldots, k_h) \in P_h, \quad \forall h \in \{2,3,\ldots,n\} \tag{2.21}$$

$$u \leq \sum_{\alpha=1}^{h} x_{i,j+\alpha-1,k} \leq v$$

$\forall i \in M, \quad \forall j \in \{1,\ldots,n-h+1\},$

$$\forall (k,u,v) \in Q_h, \quad \forall h \in \{2,3,\ldots,n\} \tag{2.22}$$

$$\sum_{k \in W} x_{ijk} = 1, \quad \forall i \in M, \forall j \in N \tag{2.23}$$

$$x_{ijk} \in \{0,1\} \quad \forall i \in M, \forall j \in N, \forall k \in W \tag{2.24}$$

拘束条件 1〜4 は，順にそれぞれ式 (2.17)〜(2.20) が対応している．拘束条件 5 は，式 (2.21)〜(2.23) で表現されている．各式の意味合いを以下にまと

めておく．

(2.16) 考慮制約 $s \in S$ の違反度の総和
(2.17) j 日のシフト k の必要人数を満たす
(2.18) j 日のシフト k におけるグループ r からの人数が上下限幅におさまる
(2.19) 看護師 i のシフト k の数が上下限の幅におさまる
(2.20) 看護師 i の j 日のシフトを k に固定 ($\tau = 1$) または k を禁止 ($\tau = 0$)
(2.21) j 日から連続する h 日間に連続禁止パターンが割当てられない
(2.22) j 日から連続する h 日間のシフト k の数が上下限の幅におさまる
(2.23) 看護師 i の j 日のシフトを 1 つ割当てる

解法 看護師スケジューリング問題は，多くの制約条件をもつ大規模な整数計画問題となっている．よって，通常は分枝限定法などの厳密解法では現実的な時間での求解は困難である．そこで，メタヒューリスティックスなどの近似解法を適用する方法がさかんに研究されている．看護師スケジューリングの解法の詳細は文献 [13] を参照されたい．

事例 看護師スケジューリング問題は，看護師だけでなく他業種の勤務スケジューリングや電車時刻表の作成やバス運行表の作成などのスケジューリング問題にも応用ができる．

2.2.5 切出し・詰込み問題

定型の母材から必要とされる形状や大きさの資材を切出し母材の材料費や切出しにかかる工程費を最小化する問題を**切出し問題** (cutting problem) という．また，与えられた図形をある容器の中に図形の重複がないように配置する問題を**詰込み問題** (packing problem) という．

この 2 つの問題は，見かけ上，切出す，詰込むという，動作としては異なるものを扱っている．しかし，本質的にはいくかの対象物 (図形) を互いに重ならないように与えられた領域内 (容器) に効率よく配置する問題である．

切出し・詰込み問題は，図形の種類，配置の制約，容器の形状などにより，さまざまなバリエーションがあり，広範な応用をもつ問題である．以下では，

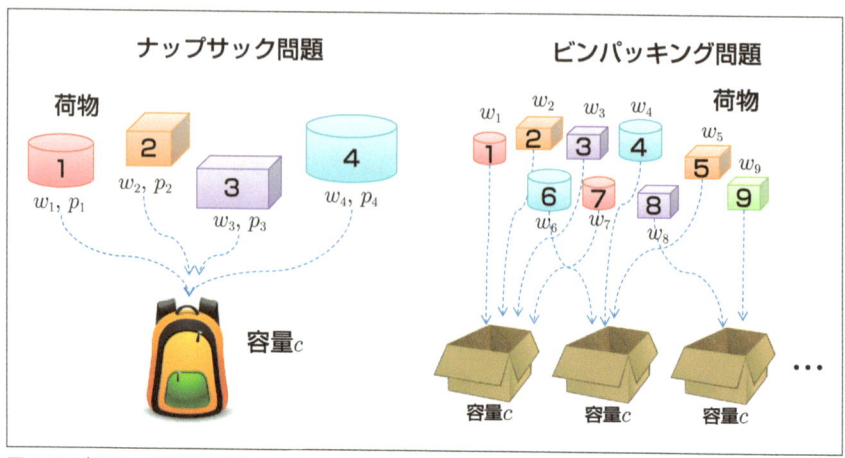

図 2.13 切出し・詰込み問題

代表的な切出し・詰込み問題をいくつか簡単に紹介する．切出し・詰込み問題について，より詳しくは文献 [13] を参照されたい．

ナップサック問題

ナップサック問題 (knapsack problem) は，容量が一定のナップサックに，重さと価値が決まっている複数の荷物を詰込むとき，詰込める荷物の価値の和を最大にする詰込み方を探す問題である（図 2.13 参照）．

— ナップサック問題 ———

容量 $c\,(>0)$ のナップサックと n 個の荷物 $N = \{1, 2, \ldots, n\}$ が与えられている．荷物 $i \in N$ の容量を $w_i(>0)$，価値を $p_i(>0)$ とする．容量制限 c の範囲で価値の和が最大になる荷物の詰合せを求めよ．

変数 $\boldsymbol{x} = (x_1, x_2, \ldots, x_n)$ が荷物 i がナップサックに入っているならば $x_i = 1$，そうでなければ $x_i = 0$ であるとする．このとき，ナップサック問題は以下のように定式化される．

$$
\begin{aligned}
&\text{目的関数:} \quad \sum_{i=1}^{n} p_i x_i \quad \to \text{最大} \\
&\text{制約条件:} \quad \sum_{i=1}^{n} w_i x_i \leq c \\
&\qquad\qquad x_i \in \{0, 1\}, \quad \forall i \in N
\end{aligned}
\qquad (2.25)
$$

各荷物 i が十分な数あるような場合には，各荷物それぞれがナップサックに入っている個数を変数 x_i の値 (非負整数) と設定すれば同様に定式化される．この問題は**整数ナップサック問題**と呼ばれ，特に問題 (2.25) を **0-1 ナップサック問題**という．

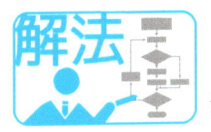

ナップサック問題は，$\mathcal{NP}$ 困難であることが知られている．$\mathcal{NP}$ 困難な組合せ最適化問題の典型例として，厳密解法および近似解法など，さまざまな方法が提案されている．詳細は，例えば文献 [3, 13] を参照されたい．

本書では，ナップサック問題を対象として，厳密解法の分枝限定法 (3.5.1 項) と動的最適化 (3.5.2 項)，および，近似解法の局所探索法 (3.6.2 項) を紹介しているので参照されたい．

ビンパッキング問題

荷物を詰める箱 (ビンやコンテナ) があり，与えられた荷物をどのように箱に詰めれば箱の数を最小にできるかを求める問題をビンパッキング問題 (bin packing problem) という (図 2.13 参照)．

ビンパッキング問題

容量 $c(>0)$ の箱と n 個の荷物 $N = \{1, 2, \ldots, n\}$ が与えられている．荷物 $j \in N$ の容量を $w_j(>0)$ とする．すべての荷物を詰合せるのに必要な箱の数を最小にする詰合せを求めよ．

ここで，2 つの変数 x_{ij}, y_i を導入する．変数 x_{ij} は，箱 i に荷物 j が入っているならば $x_{ij} = 1$，そうでなければ $x_{ij} = 0$ とする．変数 y_i は，箱 i を使っているならば $y_i = 1$，そうでなければ $y_i = 0$ とする．このとき，ビンパッキング問題は以下のように定式化される．

$$
\begin{aligned}
\text{目的関数:} \quad & \sum_{i=1}^{n} y_i \quad \rightarrow \text{最小} \\
\text{制約条件:} \quad & \sum_{j=1}^{n} w_j x_{ij} \leq c y_i \quad \forall i \in N \\
& \sum_{i=1}^{n} x_{ij} = 1 \quad \forall j \in N \\
& y_i \in \{0, 1\}, \quad \forall i \in N \\
& x_{ij} \in \{0, 1\}, \quad \forall i \in N, \forall j \in N
\end{aligned}
\tag{2.26}
$$

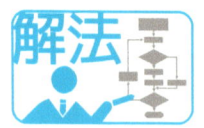

解法 ビンパッキング問題は，$\mathcal{NP}$ 困難であることが知られている．分枝限定法や貪欲法をはじめ，さまざまな近似解法が考案されている．列生成法による近似解法を 3.6.4 項で説明する．ビンパッキング問題についてさらに詳しく知りたい場合は，例えば文献 [3, 13] を参照されたい．

その他の問題

ナップサック問題，ビンパッキング問題のほかにも切出し・詰込み問題には有用な問題が多い．以下にどのような問題があるのか簡単に紹介する．

まず，母材からさまざまな大きさの必要とされる量の資材を切出すときに使用する母材を最小にする **1 次元資材切出し問題 (1dimensional cutting stock problem: 1DCSP)** がある．2 次元での詰込みについては，さまざまな大きさの長方形を 2 次元平面のある領域内に重なりのないように配置する**長方形詰込み問題 (rectangle packing problem)** を基本に，さまざまな形状・大きさの多角形を 2 次元平面のある領域内に重なりのないように配置する**多角形詰込み問題 (2 dimensional irregular stock cutting problem)** などがある．各問題の詳細やアルゴリズムについては文献 [13] を参照されたい．

事例 ナップサック問題やビンパッキング問題などの切出し・詰込み問題の応用例をまとめて挙げる．鉄板の切出し，VLSI(超大規模集積回路) の設計，服の型紙の配置，タンパク質のドッキング，物流のコンテナ詰込みなど多くの分野で見られる．

2.2.6 配置問題

施設配置問題 (facility location problem) とは，施設の配置可能な候補点と

顧客などの施設に割当る対象が与えられて，ある基準を満たす施設の配置を決定する問題である．

施設配置問題の典型的な問題には，容量制約なし施設配置問題 (uncapacitated facility location problem)，メディアン問題 (median problem)，センター問題 (center problem) がある．

節点集合と辺集合より構成されるグラフ内の節点または辺上，または空間内の任意の点に，顧客集合，施設の配置可能地点が与えられたとき，顧客から最も近い施設への距離の総和を最小化するように施設を配置する問題がメディアン問題で，顧客から最も近い施設への距離の最大値を最小化するように施設を配置する問題がセンター問題である．特に，選択される施設の個数があらかじめ k 個と決められている場合には，k-メディアン問題，k-センター問題と呼ぶ．

以下では，施設配置問題の最も基本的な形である容量制約なし施設配置問題 (uncapacitated facility location problem) を説明する．ほかの問題について詳細は文献 [3] を参照されたい．

容量制約なし配置問題

容量制約なし施設配置問題とは，顧客は需要をもっており (その値は既知とする)，顧客と施設の間に 1 単位の需要が移動するときにかかる輸送コストと施設を開設するときにかかる固定コストが与えられているとき，すべての顧客の需要を満たすという条件のもとで，輸送コストと固定コストの和を最小にするように 1 つないし複数の施設の配置を選択する問題である (図 2.14 参照)．

容量制約なし施設配置問題

顧客の集合 (需要地点) D と施設の配置可能地点の集合 F が与えられ，各施設 $i \in F$ を開設するための固定コストを f_i，各顧客 $j \in D$ と各施設 i の間に 1 単位の需要が移動するときにかかる輸送コストを c_{ij} とする．このとき，施設開設固定コストと輸送コストの総和が最小となるように開設する施設を選択せよ．

ここで，変数 x_{ij} と y_j を導入する．施設 i によって顧客 j の需要が満た

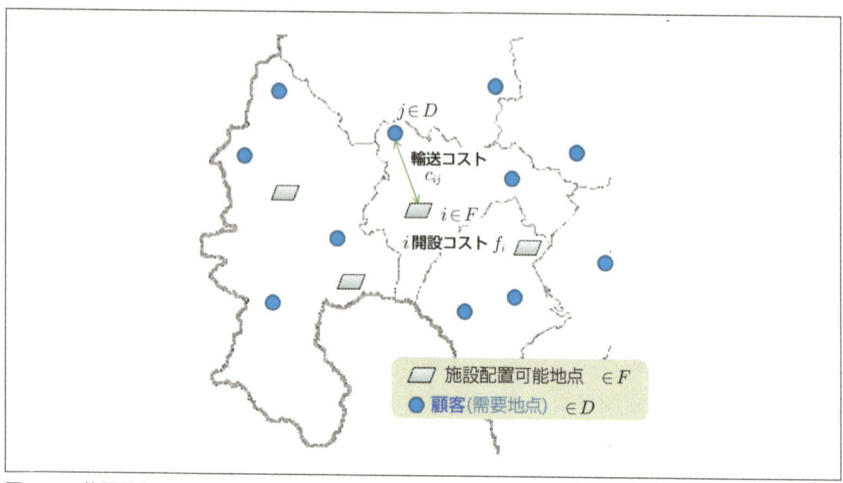

図 2.14 施設配置問題

される割合を x_{ij} とする．施設 i を開設するときに $y_i = 1$，そうでなければ $y_i = 0$ とする．また，顧客の需要量の合計値は 1 になるように規格化しているとする．このとき，容量制約なし施設配置問題は以下のように混合整数最適化問題として定式化できる．

$$
\begin{array}{ll}
\text{目的関数:} & \sum_{i \in F} f_i y_i + \sum_{i \in F} \sum_{j \in D} c_{ij} x_{ij} \quad \rightarrow \text{最小} \\
\text{制約条件:} & x_{ij} \leq y_i \qquad \forall i \in F, \forall j \in D \\
& \sum_{i \in F} x_{ij} = 1 \qquad \forall j \in D \\
& x_{ij} \geq 0 \qquad \forall i \in F, \forall j \in D \\
& y_i \in \{0, 1\} \qquad \forall i \in F
\end{array}
\tag{2.27}
$$

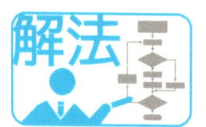

解法 施設配置問題にはいろいろななバリエーションがあり，メディアン問題のような移動距離の総和を最小にするミニサム型の問題や，集合被覆問題としてとらえて解くカバリング型などの種類がある．バリエーションの多くは大規模な整数最適化問題として定式化されるが，$\mathcal{NP}$ 困難であり厳密解法で解くことが困難であり，しばしば緩和手法や近似解法を用いて解かれる．施設配置問題のほかのバリエーションや手法について詳しくは文献 [13, 20] などを参照のこと．

事例 施設配置問題の適用分野としては，工場・倉庫，配送センター，新店舗などの立地選択や統廃合，消防署，病院などの緊急施設，廃棄物処理施設の立地選択などの対象が挙げられる．

2.2.7 割当問題・マッチング問題

割当問題 (assignment problem)・マッチング問題 (matching problem) とは，ある集合の各要素についてそれぞれ別の集合のどの要素に割当てると，さまざまな制約条件を満たしつつ，最もよい割当を行うことができるのかを決定する問題のことである．

割当問題の代表的な問題として，**2 次割当問題** (quadratic assignment problem：**QAP**) や一般化割当問題 (generalized assignment problem) などがある．2 次割当問題は目的関数が 2 次式となる割当問題のことで以下で説明する．また，一般化割当問題は，割当問題の制約式が複雑になる形で割当問題を拡張した問題となっている．一般化割当問題について，詳しくは文献 [2,13,21] などを参照されたい．

グラフ理論の観点からマッチング問題を説明しよう．

無向グラフ $G = (V, E)$ の辺部分集合 $M \subseteq E$ で，どの 2 つの辺も端点を共有しないものを G のマッチング (matching) という．k 本の辺からなるマッチングを k-マッチングといい，特に $k = \frac{|V|}{2}$ のとき，つまりグラフ G のすべての節点がマッチングのいずれかの辺の端点になっているとき，完全マッチング (perfect matching) という．マッチングにおいて，これ以上辺を追加できない場合を極大マッチング (maximal matching)，辺の数が最大のものを最大マッチング (maximum matching) という．$M \subseteq E$ がマッチングならば M の辺に接続する節点の数は M の要素の数の 2 倍に等しく，またそのときに限り M はマッチングである．極大マッチング，最大マッチングは必ず存在するが，奇数個の節点をもつグラフなどを考えるとわかるように，完全マッチングは存在するとは限らない．与えられた目的や条件に従ってマッチングを選択する問題のことをマッチング問題という．

いくつかの典型的なマッチング問題を以下で簡単に紹介する．マッチング

問題について,詳細なアルゴリズムなど興味がある場合には文献 [3] が参考になる.

2 次割当問題

2 次割当問題は,対象物と配置場所などの同数の割当先が与えられているとき,割当先間の輸送量と距離の積の総和を最小化する問題である.

> **2 次割当問題**
>
> 対象物 $P = \{P_1, P_2, \ldots, P_n\}$ の割当先 $L = \{L_1, L_2, \ldots, L_n\}$ を考える.対象物 P_i と P_j の間の輸送量 q_{ij} と割当先 L_k と L_ℓ の間の距離 $d_{k\ell}$ が与えられているとき,輸送量と距離の積の総和を最小にする割当を求めよ.

対象物 P_i が割当先 L_j に位置するとき 1,そうでないとき 0 となる変数 x_{ij} を導入し,$V = \{1, 2, \cdots, n\}$ とすると,2 次割当問題は以下のように定式化される.

$$
\begin{aligned}
\text{目的関数:} & \quad \sum_{i=1}^{n} \sum_{j=1}^{n} \sum_{k=1}^{n} \sum_{\ell=1}^{n} q_{ij} d_{k\ell} x_{ik} x_{j\ell} \quad \to \text{最小} \\
\text{制約条件:} & \quad \sum_{j=1}^{n} x_{ij} = 1, \quad \forall i \in V \\
& \quad \sum_{i=j}^{n} x_{ij} = 1, \quad \forall j \in V \\
& \quad x_{ij} \in \{0, 1\} \quad \forall i, j \in V
\end{aligned}
\tag{2.28}
$$

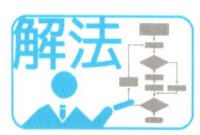

解法 2 次割当問題は,代表的な $\mathcal{NP}$ 困難である組合せ最適化問題である.巡回セールスマン問題 (2.2.2 項) と同じく目的関数を最小にする順列を求める問題であるが,目的関数が 2 次で非線形な最適化問題になっているため難しい問題である.分枝限定法やメタヒューリスティックスを用いた近似解法が適用されている.

事例 この問題には工場内の機械の配置や外部記憶装置上でのデータ配列などの用途がある.

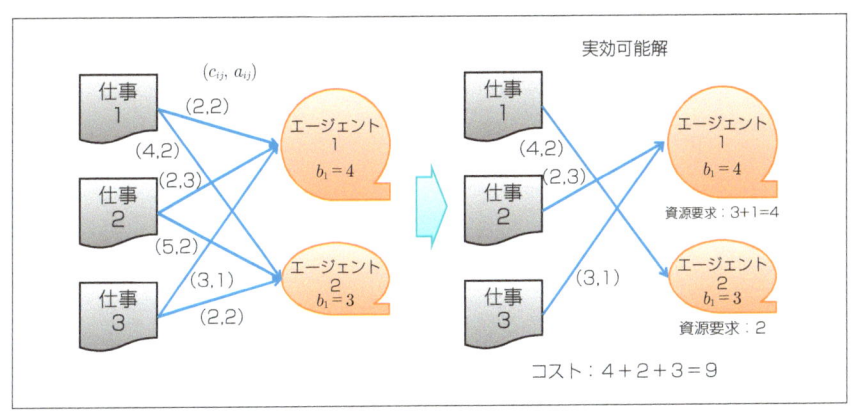

図 2.15　一般化割当問題

一般化割当問題

与えられたいくつかの仕事をエージェントに割当てるとき，割当に伴うコストの総和を最小化する問題が一般化割当問題である．名前が示すように割当問題の一般化という面とナップサック問題の側面をもつ問題である．一般割当問題の例を図 2.15 に示す．

> **一般化割当問題**
>
> n 個の仕事 $J = \{1, 2, \ldots, n\}$ と m 人のエージェント $I = \{1, 2, \ldots, m\}$ に対して，仕事 $j \in J$ をエージェント $i \in I$ に割当てたときのコスト c_{ij} と資源の要求量 $a_{ij} (\geq 0)$，および各エージェント $i \in I$ の利用可能資源量 $b_i (> 0)$ が与えられている．
>
> それぞれの仕事を，必ずいずれか 1 つのエージェントに割当てなくてはならず，また，各エージェントに割当てられた仕事の総資源要求量が，そのエージェントの利用可能資源量を超えないようにしなくてはならない．このとき，割当に伴うコストの総和を最小化するような割当を求めよ．

仕事 j をエージェント i に割当てるときに 1，そうでないときに 0 をとる 0-1 変数 x_{ij} を用いて，一般化割当問題は以下のように定式化できる．

$$
\begin{aligned}
&\text{目的関数:} && \textstyle\sum_{i \in I} \sum_{j \in J} c_{ij} x_{ij} \quad \to \text{最小} \\
&\text{制約条件:} && \textstyle\sum_{j \in J} a_{ij} x_{ij} \le b_i, \quad \forall i \in I \\
& && \textstyle\sum_{i \in I} x_{ij} = 1, \quad \forall j \in J \\
& && x_{ij} \in \{0,1\} \quad \forall i \in I, \forall j \in J
\end{aligned}
\tag{2.29}
$$

解法 この問題は，実行可能解が存在するか否かを判定する問題自体が $\mathcal{NP}$ 完全であることが知られている．このように実行可能解を得ることすら難しい場合は，一部の制約を緩和し実行不可能解も探索の対象とする方法が有効である．

事例 この問題には，2次割当問題と同様の用途のほか，スケジューリング問題など広範な応用がある．また，運搬経路問題などの別の問題を解く際に部分問題として現れることも多い．

最大マッチング問題

代表的なマッチング問題として，辺数最大のマッチングを求める最大マッチング問題 (maximum matching problem) がある．

最大マッチング問題

無向グラフ $G = (V, E)$ に対し辺の本数が最大のマッチングを求めよ．

グラフ G に対して以下で定義される節点と辺の接続行列 (incidence matrix) $\boldsymbol{A} = (a_{ij}), (v_i \in V, e_j \in E)$ を導入する．ここで，a_{ij} は節点 v_i が辺 e_j の端点のときに1，そうでないとき0であるとする．また，各辺 e に対して 0-1 である変数 x をまとめてベクトル $\boldsymbol{x}$ とする．ある辺 e に対応する $\boldsymbol{x}$ の成分を $x(e)$ と書くことにする．

このとき，線形不等式 $\boldsymbol{A}\boldsymbol{x} \le \boldsymbol{1}$ を考える．この条件から $\boldsymbol{x}$ は 0-1 ベクトルであり，これに対して $M = \{e \in E | x(e) = 1\}$ とすると，辺集合 M はマッチングになっていることがわかる．また，G におけるマッチングから与えられる 0-1 ベクトル $\boldsymbol{x}$ はその線形不等式を満たしている．よって，最大マッチング問題は以下のように定式化される．

$$\begin{aligned}&\text{目的関数:} \quad \mathbf{1}^T \cdot \boldsymbol{x} \quad \to \text{最大} \\ &\text{制約条件:} \quad \boldsymbol{Ax} \leq \mathbf{1} \\ &\qquad\qquad x(e) \in \{0,1\} \qquad \forall e \in E\end{aligned} \qquad (2.30)$$

注 12. この後に紹介する最大重みマッチング問題の数理モデルと同じように行列による表現を使わなくても定式化できる．組合せ最適化の文献によっては，グラフの行列による表現方法を用いているものもあるため，最大マッチング問題を例に行列表現で定式化してみた．

実際にグラフを計算機上で表現する場合に，個々のグラフの特徴を数量化したり，その数値を用いてコーディングしたりする必要がある．その際にグラフの行列による表現方法が便利である．グラフの行列による表現としては，接続行列のほかに**隣接行列 (adjacency matrix)** がある．隣接行列とは，節点 v_i と v_j を結ぶ辺の本数を ij-成分とする $|V| \times |V|$ の行列である．

解法 最大マッチング問題において，2部グラフでのマッチング問題は最大流問題の特別な場合として解くことができる．一般のグラフの場合は問題の構造がより複雑になり工夫を

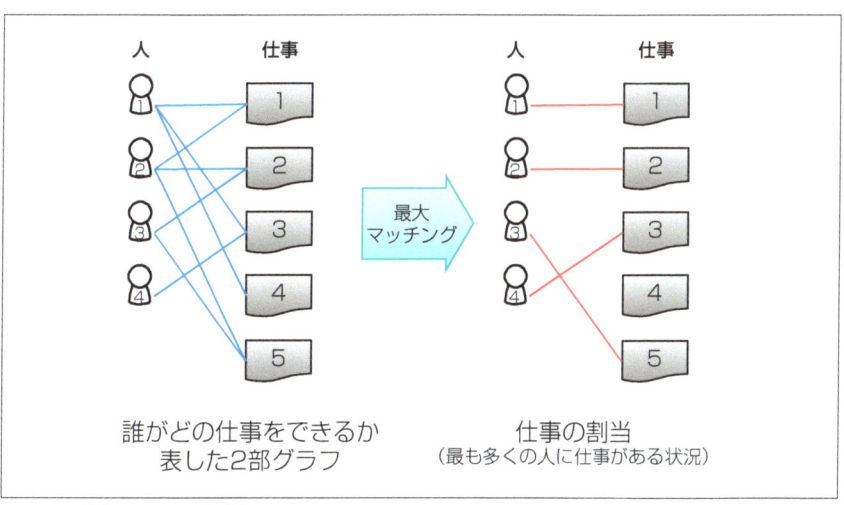

図 2.16 最大マッチング問題

要するが効率よく解くことが可能である．例えば，エドモンズ (J. Edmonds) による多項式時間アルゴリズムがある．これを**エドモンス法 (Edmonds' algorithm)** という．詳しくは文献 [3, 21] などを参照されたい．

最大マッチング問題は，誰がどの仕事が可能かわかっているときの人と仕事の割当 (図 2.16 参照)，学生と授業の割当，人員の配属割当などに利用される．ほかの最適化問題の部分問題としてもしばしば利用される．

重みマッチング問題

無向グラフ $G = (V, E)$ および各辺 $e \in E$ の重み $w(e)$ が与えられたとき，重みの和 $\sum_{e \in M} w(e)$ を最大にするマッチング $M \subseteq E$ を求める問題を**最大重みマッチング問題 (maximum weight matching problem)** という．最大重みマッチング問題においても同様に，最大重み k-マッチング問題，最大重み完全マッチング問題も定義される．

最大重みマッチング問題

各辺 $e \in E$ の重み $w(e)$ が与えられている無向グラフ $G = (V, E)$ に対し，重みの和 $\sum_{e \in M} w(e)$ が最大のマッチング M を求めよ．

節点 $v \in V$ に接続している辺を $\delta(v)$ と記す．また，各辺 $e \in E$ に対して 0-1 変数 $x(e)$ を導入する．$x(e)$ は辺 $e \in E$ がマッチング M の要素の場合には 1，そうでなければ 0 であるとする，すなわち，$M = \{e \in E | x(e) = 1\}$ である．このとき，最大重みマッチング問題は以下のように定式化される．

$$
\begin{array}{ll}
\text{目的関数:} & \sum_{e \in E} w(e) x(e) \quad \to \text{最大} \\
\text{制約条件:} & \sum_{e \in \delta(v)} x(e) \leq 1 \quad \forall v \in V \\
& x(e) \in \{0, 1\} \quad \forall e \in E
\end{array}
\quad (2.31)
$$

2 部グラフでは**ハンガリー法 (Hungarian method)** といわれる効率的な手法が提案されている．ハンガリー法については 3.2.2 項にて説明している．ハンガリー法を含め最大重みマッチング問題についてさらに詳しい内容は [3] を参照されたい．一

般のグラフの場合は，エドモンズ法が使える．

最大マッチング問題と同様の例に利用される．

ここで，2部グラフでのマッチング問題を考える．2部グラフの辺集合 M がマッチングであるとは，M に属するどの2辺も隣接していないということである．2部グラフにおける最小重み完全マッチング問題 (minimum weight perfect matching problem) は，特に (狭義の意味で) 割当問題とも呼ばれる．

―最小重み完全マッチング問題―

各辺に $e \in E$ の重み $w(e)$ が与えられている2部グラフ $G = (V, E)$ に対し，重みの和 $\sum_{e \in M} w(e)$ が最小の完全マッチング M を求めよ．

$\delta(v)$，変数ベクトル $\boldsymbol{x}$ は最大重みマッチング問題のときと同様である．このとき，最小重み完全マッチング問題は以下のように整数最適化問題として定式化される．

$$
\begin{aligned}
&\text{目的関数：} \sum_{e \in E} w(e) x(e) \quad \to \text{最小} \\
&\text{制約条件：} \sum_{e \in \delta(v)} x(e) = 1 \quad (\forall v \in V) \\
&\qquad\qquad\; x(e) \in \{0, 1\} \quad (\forall e \in E)
\end{aligned}
\tag{2.32}
$$

一般のグラフでも最小重み完全マッチング問題は，エドモンズによる最大マッチング問題のアルゴリズムの概念を用いた方法により，多項式時間で解けることが知られている．詳しい内容は文献 [3] を参照してほしい．2部グラフでは，ハンガリー法が適用できる．

最小重み完全マッチング問題の応用先は，割当問題と同様の事例となる．

> **注 13.** 最大重み完全マッチング問題の最適解は，重みの値を正負を逆にした最小重み完全マッチング問題の最適解と同じになる．どちらも狭義の割当問題といえる．

安定マッチング問題

2部グラフでのマッチング問題の1つに安定マッチング問題 (stable matching problem) がある．2部グラフにおいて，各節点は，組合せる対象となる節点に対してどれがより好ましいのか表現した，選好順序 (preference order) をもつとする．各節点が互いに現在ペアとなっている節点より好ましいような組合せが存在しないようなマッチングを安定マッチング (stable matching) という．安定マッチング問題は，厳密にいうと最適化問題ではないが，マッチングに関連する重要な問題としてここで紹介する．

安定マッチング問題の1つとして，安定な完全マッチングを求める安定結婚問題 (stable marriage problem) がよく知られている．同じ人数の男性と女性がいて，各々が異性に対して結婚相手としての選好順序をもつ．ここで，男女をすべて結婚させること，つまり，男女間の完全マッチングについて考える．現在組んでいるペアとは別のペアが，互いに現在より好きな相手となる場合，これをブロッキングペアという．ブロッキングペアが存在しないマッチングを安定マッチングという．安定結婚問題とは，男女間の安定な完全マッチングを求める問題である．

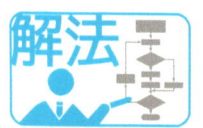

安定な完全マッチングは常に存在しゲイル・シャプレー (Gale-Shapley) の解法により多項式時間で求められる．

ゲイル・シャプレーの解法を簡単に紹介しよう．各男性は1番目に好きな女性から，2番目に好きな女性と順に，拒否されたら順位を1つ下げて求婚する．一方，各女性は求婚してきた男性のうち最も好きな人との結婚を仮に受諾し，それ以外の求婚してきた男性を拒否する．この手順を繰り返しすべての女性が仮受諾したら終了で，安定な完全マッチングが求められる．詳細は文献 [3] を参照されたい．

> 事例 安定マッチング問題は，研修医配属，研究室配属，学校選択制，周波数オークション (電波の周波数帯を割当るためのオークション) などに実際に応用されている．

第3章
組合せ最適化のアルゴリズム

本章では，組合せ最適化問題で用いられるアルゴリズムについて説明する．説明においては，詳細に踏み込みすぎずアルゴリズムの概要が理解できることを狙いとしている．

　グラフ・ネットワーク問題やマッチング問題については，専用の効率的なアルゴリズムがあるので，3.1 節と 3.2 節で紹介する．

　実務における最適化問題の多くは連続変数を用いた線形最適化問題としてとらえられる．連続線形最適化問題は最も基本的な問題で，最適化理論やアルゴリズムの重要な考え方を学ぶためのよい土台となるため，組合せ最適化問題ではないが 3.3 節で紹介する．

　また，組合せ最適化問題の多くは整数変数を用いた整数最適化問題ととらえられる．より一般的には，連続変数と整数変数の両方を用いた混合整数最適化問題として扱える．これについては 3.4 節で紹介する．整数最適化問題に対するアルゴリズムは，混合整数最適化問題と同様であると考えていただきたい．解の精度という観点から，混合整数最適化のアルゴリズムは，厳密解法と近似解法と分けることができる．3.5 節では厳密解法について，3.6 節では近似解法について紹介する．

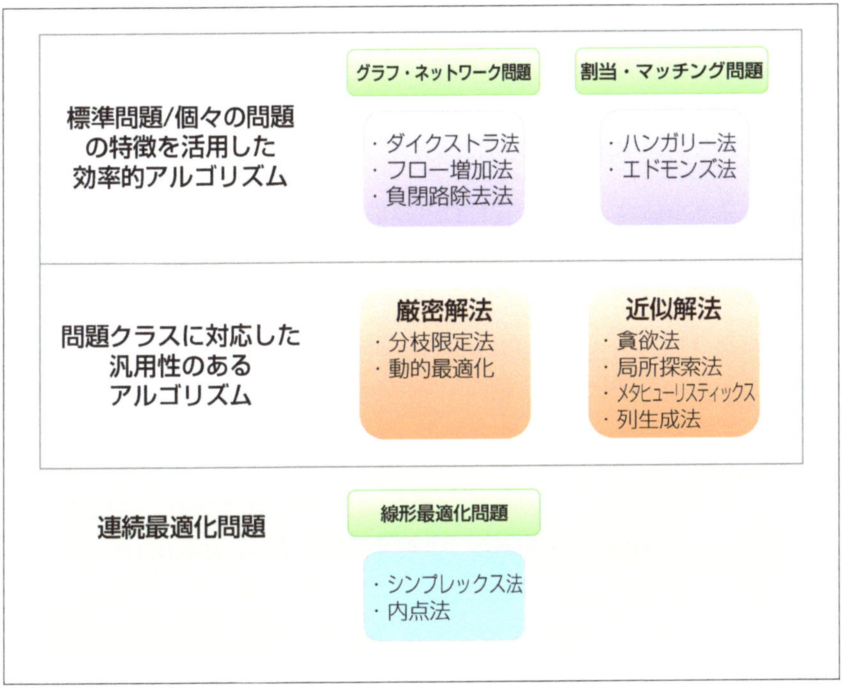

	グラフ・ネットワーク問題	割当・マッチング問題
標準問題/個々の問題の特徴を活用した効率的アルゴリズム	・ダイクストラ法 ・フロー増加法 ・負閉路除去法	・ハンガリー法 ・エドモンズ法
	厳密解法	近似解法
問題クラスに対応した汎用性のあるアルゴリズム	・分枝限定法 ・動的最適化	・貪欲法 ・局所探索法 ・メタヒューリスティックス ・列生成法
	線形最適化問題	
連続最適化問題	・シンプレックス法 ・内点法	

図 3.1 組合せ最適化のアルゴリズム

3.1 グラフ・ネットワーク問題のアルゴリズム

組合せ最適化問題の中にはグラフを対象としたものが多い．グラフ理論の問題でも汎用的に混合整数最適化問題として解くこともできるし，問題に合わせた効率的な解法も使える．ここでは，最短路問題でよく使われるダイクストラ法 (3.1.1 項)，最大流問題の解法であるフロー増加法 (フォード・ファルカーソン法)(3.1.2 項)，最小費用流問題の解法である負閉路除去法 (3.1.3 項) を紹介する．

3.1.1 ダイクストラ法

ダイクストラ法は，始点から終点への最短距離を求める問題 (2.7) のアルゴリズムである．

> **最短路問題**
>
> 有向グラフ $G = (V, E)$ の各辺 $e_{ij} = (v_i, v_j) \in E$ が距離 $a_{ij} (\geq 0)$ をもつとする．このときある始点 $v_s \in V$ から別の終点 $v_t \in V$ への路の中で最も距離の小さいものを求めよ．

有向グラフでも，無向グラフでも同様に計算できる．距離は非負でなければいけない．負の距離がある場合，ベルマン・フォード法を用いることができる．詳しくは文献 [1] を参照のこと．

> **ダイクストラ法**
>
> 1. すべての節点に対し，始点からの仮距離 ($d_i = \infty, \forall v_i \in V$) と探索済みかどうかの情報 ($b_i = \text{false}, \forall v_i \in V$) をもたせる．
> 2. 最初に，始点の仮距離を 0 とする．($d_s = 0$)
> 3. 次の手順を，終点が探索済み ($b_t = \text{true}$) となるまで繰り返す．
> 4. 探索済みでない節点の中で仮距離が最小の節点 v_i を 1 つ選ぶ．このとき節点 v_i の仮距離が ∞ であるならば終了する．節点 v_i を探索済みとし ($b_i = \text{true}$)，節点 v_i に接続している節点 v_j の仮距離を以下で更新する．
>
> $$\text{更新式 } d_j = \min(d_j, d_i + a_{ij}) \tag{3.1}$$

終了時に終点の仮距離 (d_t) が最短距離となる．最短路が存在しなければ，仮距離は ∞ となる．各節点の距離を更新するときに，どの節点を通って更新したかを記憶しておいて，その情報を終点からたどれば，最短路を求めることができる．

ヒープ (heap) というデータ構造を使うと，ステップ 4 において距離最小の節点を効率よく求められる．

> **注 14.** ヒープは木構造をしており，最上位の親が最小値になっている．また，データの更新も $O(\log n)$ で効率よくできる．

3.1.2 フロー増加法 (フォード・ファルカーソン法)

辺に容量のあるグラフにおいて，始点から終点に容量以下のフローを流す．このときの始点からのフローの和を最大にする問題 (2.9) の解法であるフロー増加法を説明する．なお，始点と終点以外では，入る量と出る量が同じでなければいけない．

> **最大流問題**
>
> 有向グラフ $G = (V, E)$ において，始点 $v_s \in V$ (ソース) から終点 $v_t \in V$ (シンク) へのフローネットワークにおいて最大となるフローを求めよ．

無向グラフの場合，辺を同容量の両向きの有向の辺に置き換えて考える．これにより，グラフは有向と仮定してよい．

> **フロー増加法 (フォード・ファルカーソン法)**
>
> 1. すべての辺のフローを 0 で初期化する．
> 2. 残余ネットワーク (注 15) において，容量が 0 でない辺を用い，始点から終点への経路を得る．もし，得ることができなければ，終了となる．
> 3. その路に含まれる辺の容量の最小分だけ，路にフローを流し，ステップ 2 へ戻る．

> **注 15.** 残余ネットワーク (residual network) とは，もともとの辺の容量をフローの分減らし，フローと逆向きにフローの分を容量とした新たな辺を追加したグラフである．容量が 0 の辺は使えないものとする．このネットワークにおいて，新たな辺にフローを流そうとする場合，代わりに，新たな辺の容量と対応するもともとの辺のフローをそれぞれ減らす．

最後の状態の残余ネットワークにおいて，始点から容量が 0 でない辺を通って行ける範囲と行けない範囲に分けることができる．このとき，両範囲で決まるカットは最大フローに等しい．カットは最大フロー以上であるので，このカットは最小である．このように最大流問題の最適解のフローは，最小カット問題の最適解の容量に等しい．これを最大フロー最小カット定理という．最大流問題と最小カット問題は，主問題，双対問題の関係になっている．

3.1.3 負閉路除去法

最小費用流問題 (2.10) の解法である負閉路除去法を紹介する．

> **最小費用流問題**
>
> 有向グラフ $G = (V, E)$ において,各辺の容量と費用さらに節点の供給 (需要) 量が与えられたとき,各辺の容量を超過せず各節点での流出量が供給量と等しくなるフローの中で,各辺の流量に対する費用の総和が最小となるフローを求めよ.

フロー増加法で定義した残余ネットワークにおいて,新たに追加した辺のコストをもととなった辺のコストの -1 倍とみなす.すなわち,v_i から v_j へのフローがある場合,コストが $-c_{ij}$ で v_j から v_i への辺を新たに作る.ここで,需要と供給も含めたフロー保存則を満たすネットワークにおいて,費用が最小であることは,残余ネットワークにおいて負の閉路が存在しないことが必要十分条件になる.これを用いると次の負閉路除去法のアルゴリズムが考えられる.

> **負閉路除去法**
>
> 1. 最適ではなくてもよいのでフロー保存条件を満たすフローを求める.
> 2. 残余ネットワークにおいて,負の閉路を求める.もし,得ることができなければ,終了となる.
> 3. その路にフローを流せるだけ流し,ステップ 2 へ戻る.

負閉路の探索では,例としてベルマン・フォード法が利用できる.

3.2 マッチング問題のアルゴリズム

マッチング問題のアルゴリズムとして,ここでは,最大マッチング問題の解法であるエドモンズ法 (3.2.1 項),完全 2 部グラフに対する最大重み完全マッチング問題の解法であるハンガリー法 (3.2.2 項) について紹介する.

3.2.1 エドモンズ法

一般のグラフの最大マッチング問題を解くエドモンズ法について説明する.

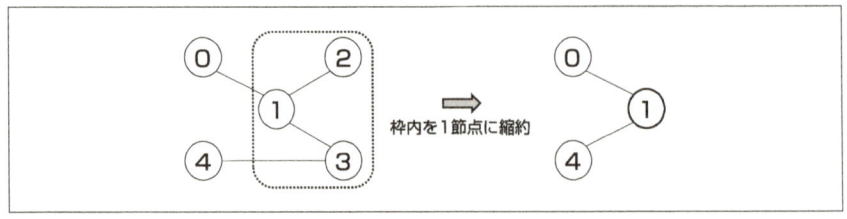

図 3.2 縮約

> **最大マッチング問題**
>
> 無向グラフ $G = (V, E)$ に対し辺の本数が最大のマッチングを求めよ．

最初に，いくつか言葉の定義をしよう．

グラフ上のマッチングに含まれる節点，含まれない節点，含まれる辺，含まれない辺をそれぞれマッチング点，非マッチング点，マッチング辺，非マッチング辺と呼ぶことにする．マッチング辺と非マッチング辺が交互に現れる路を交互路 (alternating path) と呼び，交互路上で，マッチング辺かどうかを逆にすることを反転操作と呼ぶ．特に両端が非マッチング点となる交互路の場合，反転操作によりマッチングを増やせるので増加路 (increasing path) と呼ぶ．

いかなる増加路も存在しないとき，そのマッチングは最大マッチングである．

点の集合を 1 つの点に置き換え，点の集合と接続していた辺も新たな点と接続させるように変形させる操作を縮約 (contraction) (図 3.2) と呼ぶことにする．

$k(\geq 1)$ 本のマッチング辺を含む，長さ $2k+1$ の閉路を花 (blossom) と呼ぶことにする．花の節点の中で非マッチング点を花の基点とする．基点から別の非マッチング点に花の節点を通らずに偶数長の路をとれるとき，この花を偶の花と呼ぶ．

偶の花の節点を 1 節点 (v) に縮約して増加路 (p) が存在するならば，縮約前のグラフにも増加路が存在する．すなわち，p に v が含まれなければ，p が増加路になり，p に v が含まれれば，v を偶の花の基点に移し，偶数長の路を反転操作したものが増加路となる．

--- エドモンズ法 ---

　非マッチング点を選び，増加路探索アルゴリズムにより増加路が求まれば反転操作をして，マッチングを増やす．すべての非マッチング点で増加路が存在しなければ，そのときのマッチングが最大マッチングとなる．

エドモンズ法の理論的な説明は [3] を参照されたし．
非マッチング点 u を起点とする増加路を求めるアルゴリズムを示す．

--- 増加路探索アルゴリズム ---

1. すべての節点と辺を未処理とし，$P = \{u\}$ とする．P の先頭の節点の順番は 1 番目とする．
2. P の最後の節点 w に接続する未処理の辺 $e = (w, v)$ がある場合，ステップ 5 へ行く．
3. P の節点が 1 つであれば，増加路は存在しないとして終了する．
4. P の最後の 2 つの節点を処理済みにし，P の後ろから 2 節点を取り除き，ステップ 2 へ行く．
5. v が処理済みであるか，または，v が P 上の偶数番目の節点である場合，辺 e を処理済みとし，ステップ 2 へ行く．
6. v が P 上の奇数番目の節点である場合，P の v から w までの節点の集合を縮約し，v の代わりとする．縮約した部分を P から除き，ステップ 2 へ行く．この縮約された節点と辺に辺 e を追加した閉路は，v を基点とする偶の花になっている．
7. v がマッチング点の場合，P に辺 e とそのマッチング辺を追加し，ステップ 2 に行く．
8. P に辺 e を追加した路をもとに，縮約された偶の花を逆順にマッチングとなるように戻したものが u を起点とした増加路となるのでこれを出力して終了する．

3.2.2 ハンガリー法

2 部グラフの (重みなし) 最大マッチング問題は，最大流問題を解くことで

求めることができる．ここでは完全 2 部グラフに対する最大重み完全マッチング問題を解くハンガリー法を紹介する．

> **注 16.** ハンガリー法は，2 部グラフの最大重みマッチング問題を解く方法であるが，ここでは説明を簡単にするために完全 2 部グラフの最大重み完全マッチング問題を対象とする．

―― 完全 2 部グラフの最大重み完全マッチング問題 ――――――――

完全 2 部グラフ $G = (V, E)$ に対し選ばれた辺の重み和が最大となる完全マッチングを求めよ．

重みは重み行列で表されているとする．このとき，ある行に対して同じ値を引いても，最適解となるマッチングは変わらない．列に対しても同様である．

> **注 17.** 重み行列とは，図 3.3 のように枝の重みを行列で表したものである．

アルゴリズムを簡単に以下に示す．

―― ハンガリー法 ――――――――――――――――――――――

1. 重み行列の全成分の最大の値を x としたとき，各成分 y を $x - y$ で置き換え，すべての成分を非負にする．各行ごとにその行の最小値をその行の成分から引く．さらに各列ごとにその列の最小値をその列の成分から引く．
2. 値が 0 の成分だけを選んで，完全マッチングができれば，それが最適なマッチングとなるので終了する．
3. 0 を含んでいる成分がすべてなくなるように，行を行ごとと，列を列ごとに削除していく．そのときに，削除する行と列の本数の和が最小になるようにする．
4. 消されずに残った部分行列に対し，部分行列の成分の中の最小値を部分行列の各成分から引く．また，消された行と消された列の重なっている部分の各成分には，その最小値の値を足す．消した行と列を戻し，ステップ 2 に戻る．

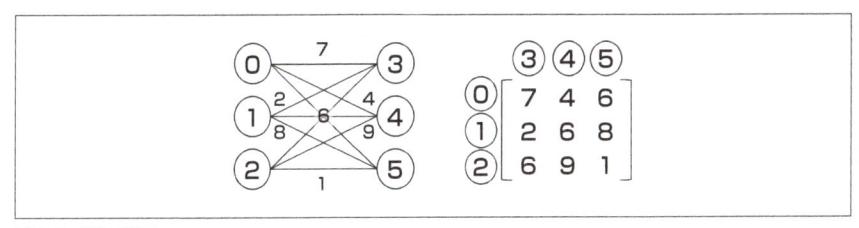

図 3.3　重み行列

ステップ 4 の操作については，部分行列の全成分の最小値を重み行列の全成分から引いてから，削除された行と列にはその値を足したと考えればよい．

3.3 線形最適化

線形最適化とは，線形最適化問題の解を得ることをいう．線形最適化問題は，いくつかの 1 次不等式や等式で表される制約条件のもとで 1 次関数を最小化あるいは最大化する問題である．

線形最適化問題は，連続最適化問題である．しかしながら，最適化問題の中で最も基本的な問題であり組合せ最適化問題においても重要な役割をもつので詳しく紹介しよう．

線形最適化問題を解く代表的な 2 つの解法として，3.3.1 項でシンプレックス法を，3.3.2 項で内点法を簡単に説明する．線形最適化問題については，最適化に関するほとんどの書籍で取り上げられており，多くの専門書がある．詳細については，例えば文献 [14] を参照のこと．一般に，いろいろな形の線形最適化問題の表現があるが，適当な変形を施すことで標準形と呼ばれる問題へ帰着できる．以降ではこの標準形について説明する．

線形最適化問題 (標準形)

$$\begin{aligned}&\text{目的関数:}\quad c^T x \quad\quad \to \text{最小}\\&\text{制約条件:}\quad Ax = b \quad\quad x \geq 0\end{aligned} \tag{3.2}$$

変数の数を n，制約の数を m とする．$m \times n$ の行列 $A(m \leq n)$ から正則部分行列 B を取り出せることとする．この B を基底行列 (**basic matrix**) と

呼び，A から B を除いた行列 N を非基底行列 (nonbasic matrix) と呼ぶ．基底行列に含まれる変数を基底変数 (basic variable) と呼び，x_B で表す．基底変数でない変数を非基底変数 (nonbasic variable) と呼び，x_N で表す．

$$A = (B, N), \quad x = \begin{pmatrix} x_B \\ x_N \end{pmatrix} \tag{3.3}$$

このとき制約条件 $Ax = b$ は

$$Bx_B + Nx_N = b \tag{3.4}$$

と書ける．$Bx_B = b$ を解いて得られる解を基底変数の値とし非基底変数の値を 0 としたものを基底解 (basic solution) と呼ぶ．制約条件を満たす解を実行可能解といい，実行可能解の集合を実行可能領域という．線形の制約で定義される実行可能領域は多次元の凸多面体となる．シンプレックス法は，この凸多面体の頂点をたどっていく手法である．

3.3.1 シンプレックス法

　線形最適化問題の解法であるシンプレックス法 (simplex method) は，1947年にダンツィック (G.B.Dantzig) により提案され，今日でも非常に有効な解法として広く使われている．シンプレックス法の基本的なアイデアは，実行可能な基底解の1つからはじめて，目的関数の値がより小さくなるように次々と新しい基底解を効率よく求めていき，最終的に最適解に到達させるというものである．基底変数の選び方を変えると，それに対応した基底解が得られ，各々が実行可能領域 (凸多面体) の頂点に対応している．ある基底変数とある非基底変数を入れ替えた基底解が，また実行可能解になるとき，この操作は実行可能領域の1つの頂点から隣接する頂点に移動することに対応する．このような基底変数と非基底変数の入れ替えをピボット操作 (pivot operation) という．目的関数の値が減少するように，うまくピボット操作を行うことが効率的な探索のカギであり，シンプレックス法の肝である．シンプレックス法では，ピボット操作を繰り返し，そのつど得られた実行可能な基底解が最適解である基底解に到達したかを判断し，最適解であれば終了する．具体的なピボット操作

の説明をする前に，アルゴリズムの終了判定，すなわち実行可能基底解が最適解かどうかの判定について説明する．実行可能基底解 $(x_B, x_N) = (B^{-1}b, 0)$ を考える．式 (3.4) より基底変数 x_B は非基底変数 x_N を用いて

$$x_B = B^{-1}b - B^{-1}Nx_N \tag{3.5}$$

となる．これを目的関数に代入して

$$c^T x = c_B^T x_B + c_N^T x_N = c_B^T B^{-1} b + (c_N - N^T (B^T)^{-1} c_B)^T x_N \tag{3.6}$$

を得る．ここで，c_B, c_N はそれぞれ x_B, x_N に対応するベクトル c の要素からなるベクトルである．問題 (3.2) は，式 (3.5)，(3.6) から以下の非基底変数 x_N だけを含む等価な問題に書き換えられる．

線形最適化問題 (非基底変数による表現)

$$\begin{array}{ll} \text{目的関数:} & \pi^T b + (c_N - N^T \pi)^T x_N \quad \to \text{最小} \\ \text{制約条件:} & B^{-1} b - B^{-1} N x_N \geq 0 \quad x_N \geq 0 \end{array} \tag{3.7}$$

このとき，m 次元ベクトル π は，

$$\pi = (B^T)^{-1} c_B \tag{3.8}$$

でありシンプレックス乗数 (simplex multiplier) と呼ばれる．また，目的関数の第 2 項目の x_N の係数

$$c_N - N^T \pi \tag{3.9}$$

を非基底変数 x_N の相対コスト係数 (relative cost coefficient) という．相対コスト係数が非負すなわち $c_N - N^T \pi \geq 0$ である場合を考える．このとき，問題 (3.7) の制約条件からすべての実行可能解は $x_N \geq 0$ を満たすので，目的関数 $c^T x$ は $x_N = 0$ のとき最小値 $c^T x = \pi^T b (= c_B^T B^{-1} b)$ をとることがわかる．よってこのとき，実行可能基底解 $(x_B, x_N) = (B^{-1}b, 0)$ は問題 (3.7) の最適解になっている．まとめると，実行可能基底解の最適性を判定する条件は次の通りである．

> 実行可能基底解の最適性条件
>
> $$c_N - N^T \pi \geq 0 \tag{3.10}$$

この条件を満たす解は最適基底解であり，その基底行列は最適基底 (行列) となる．

ピボット操作の説明に戻ろう．実行可能基底解が最適基底解ではない場合，すなわち最適性条件 (3.10) を満たしていないときを考える．これは，相対コスト係数 $c_N - N^T \pi$ の中に負のものがあることになるので，対応する非基底変数を x_i とすれば，$c_i - \pi^T a_i < 0$ である．ここで，a_i は，x_i に対応する A の列である．

x_i 以外の非基底変数を 0 のまま，x_i を少しずつ増やしていけば，問題 (3.7) の目的関数が小さくなっていく．これを利用して目的関数が小さくなるようなピボット操作の方法を説明する．さて，x_i を増やしていったときに，基底変数 x_B を次のように定めれば，式 (3.5) より $Ax = b$ を満たす．

$$x_B = B^{-1}b - B^{-1}a_i x_i \tag{3.11}$$

次に，θ を以下のように定める．

$$\theta = \min_{k | y_k > 0} \left\{ \frac{\bar{b}_k}{y_k} \right\} \tag{3.12}$$

ただし，

$$\bar{b} = B^{-1}b, \quad y = B^{-1}a_i \tag{3.13}$$

とする．

ここで，$y_k > 0$ となる k が存在しないようなときには，非基底変数 x_i を大きくしていくと，問題 (3.7) の目的関数をいくらでも小さくできる．このとき問題は非有界となることがわかり，アルゴリズムは終了する．すなわち，$y_k > 0$ となる k が存在しないことは，終了判定条件のうちの 1 つである．

非基底変数 x_i を θ まで増やしても，式 (3.11) と式 (3.13) より，すべての変数に対し，非負条件 $x \geq 0$ は成り立つ．よって x_i を θ にしても問題 (3.2) の制約はすべて成り立つ．このとき，$\theta = \bar{b}_k / y_k$ となる k に対応する基底変数の値が新たに 0 となる．したがって，基底変数 x_k と非基底変数 x_i を入れ

替えるようにピボット操作を行えばよい．アルゴリズムを以下にまとめる．

---- シンプレックス法 ----

1. B を基底行列とし，初期実行可能基底解 $(x_B, x_N) = (B^{-1}b, 0)$ とする．
2. $\bar{b} = B^{-1}b$ とする．
3. シンプレックス乗数 $\pi = (B^T)^{-1}c_B$ を計算する．
   * 非基底変数の相対コスト係数 $c_N - N^T\pi$ がすべて 0 以上なら，最適基底解が得られているので終了する．
   * $c_i - \pi^T a_i < 0$ となる非基底変数 x_i を 1 つ選ぶ．
4. ベクトル $y = B^{-1}a_i$ を計算する．
   * ベクトル y に正の要素がなければ，非有界として終了する．
   * 式 (3.12) の θ と $\theta = \bar{b}_k/y_k$ となる k を求める．
5. 非基底変数 x_i の値を θ に，それ以外の非基底変数の値を 0 に，基底変数 x_B の値を $x_B = \bar{b} - \theta y$ とする．基底変数 x_k を非基底変数に，非基底変数 x_i を基底変数として基底解を更新する．同様に基底行列 B を更新する．ステップ 2 に行く．

シンプレックス法のアルゴリズムについて，いくつかの注意点を述べる．相対コスト係数が負であるような非基底変数がいくつかあるときは形式上どれを選んでもよいが，実際には最適化に達するまでのピボット操作の回数が変わってくる．回数を少なくするには，一般に相対コスト係数の小さいものを選ぶのがよいといわれている．

また，$\theta = \bar{b}_k/y_k$ となる k が複数存在することもある．この場合，次のピボット操作で値が 0 となる基底変数をもつ実行可能基底解が現れる．このような実行可能基底解を退化 (degeneration) した実行可能基底解と呼ぶ．実行可能基底解が退化していると，$\bar{b}_k = 0$ となる k が存在し $\theta = 0$ となる可能性がある．このとき，ピボット操作を行っても変数の値が変化せず，目的関数の値も変わらない．さらに，退化した状態からいくつかのピボット操作を行っても同じ実行可能基底解に戻る状況も起こり得る．このような現象は循環 (cycling) と呼ばれ，避ける方法がいくつか提案されている．ただし，実際には循環が起こることはまれであり，実用上，問題にならないと考えられている．

3.3 線形最適化

初期実行可能基底解 $(x_B, x_N) = (B^{-1}b, 0)$ を決めるのは，必ずしも自明ではない．そこで，まず第1段階として問題の実行可能基底解を求め，それを初期実行可能基底解として最適解を求める2段階法が提案されている．シンプレックス法の計算を，表形式で表し実行する方法が知られている．そのような表をシンプレックス表 (simplex tableau) という．2段階法やシンプレックス表の詳細については，文献 [14] を参照されたい．

3.3.2 内点法

線形最適化問題に対するもう1つの代表的なアルゴリズムが内点法である．特に大規模な問題に対してより効果的であり，実用的にも広く用いられている．内点法は実行可能領域の内点 (interior point) をたどっていく方法である．特徴としては，多項式時間アルゴリズムの中で実用的であることである．

主問題

$$
\begin{aligned}
&\text{目的関数：} \quad c^T x \quad \to \text{最小} \\
&\text{制約条件：} \quad Ax = b \quad x \geq 0
\end{aligned}
\tag{3.14}
$$

双対問題

$$
\begin{aligned}
&\text{目的関数：} \quad b^T y \quad \to \text{最大} \\
&\text{制約条件：} \quad A^T y \leq c
\end{aligned}
\tag{3.15}
$$

主問題 (3.14) のカルーシュ・キューン・タッカー条件 (Karush-Kuhn-Tucker condition) (非線形最適化において1階導関数が満たすべき最適条件，詳細は文献 [23] を参照) より次式を得る．なお，カルーシュ・キューン・タッカー条件は頭文字をとって **KKT条件** (KKT condition) と呼ばれることが多い．

$$A^T y + v = c \tag{3.16}$$

$$Ax = b \tag{3.17}$$

$$Xv = \rho e \tag{3.18}$$

$$x > 0, v > 0 \tag{3.19}$$

ここで X は x の要素を対角要素にもつ n 次正方対角行列を表し，$X = \mathrm{diag}(x)$ と書くこととする．ρ はある正のパラメータであり，e は，すべての要素が 1 の n 次元ベクトル，すなわち $e = (1, 1, \ldots, 1)^T$ である．式 (3.18) は，条件 $x_i v_j = \rho (j = 1, 2, \ldots, n)$ を行列の形で表したものである．ここで，ベクトル v は，双対問題 (3.15) の不等式制約を等式制約

$$b^T y = y^T b = y^T A x = (c^T - v^T) x \tag{3.20}$$

にするために導入されたスラック変数 (slack variable) (不等式において両辺の差，すなわち余裕分を表す変数) とみなせる．各式は，以下を表す．

- 条件 (3.17), $x > 0$：x が主問題の実行可能内点であること．
- 条件 (3.16), $y, v > 0$：(y, v) が双対問題の実行可能内点であること．

ここで，線形最適化問題の双対性について見てみる．まず，主問題と双対問題の目的関数の差 $c^T x - b^T y$ に着目する．

$$b^T y = y^T b = y^T A x = (c^T - v^T) x \tag{3.21}$$

であることから，主問題と双対問題の 2 つの目的関数の差 $c^T x - b^T y$ は，

$$c^T x - b^T y = x^T v (= v^T x) \tag{3.22}$$

となることがわかる．これより，x と (y, v) がそれぞれの問題の実行可能解であれば $v^T x$ は非負である．つまり，線形最適化問題の弱双対定理が成り立つ．

次に主問題と双対問題のそれぞれの実行可能解の目的関数の値が一致する (すなわち最適解である) ためには，差 (3.22) が 0 であること，つまり

$$v^T x = 0 \tag{3.23}$$

でなければならない．これらのことから $\rho = 0$ とした条件 (3.16)〜(3.19) は，x と y が主問題と双対問題の最適解となる必要十分条件である．これらの条件を式 (3.19) は等号を含むものとして，主双対最適性条件 (primal-dual optimality condition) と呼ぶ．

条件 (3.16)〜(3.19) を満たし，$\rho(>0)$ を 0 に近づけていくときの解の集合は滑らかな曲線となり，**中心パス (center path)** と呼ばれる．

内点法では，適当な初期内点から出発し，最適解を目指して更新を繰り返す．最適解へは，目的関数が小さくなる方向をニュートン法で求め，実行可能領域にとどまるようにしつつ移動する．実行可能領域を構成する境界 (壁)に近づきすぎた場合は，壁から離れる移動を行うやり方もあるが，ここでは省略する．

内点法

1. [初期値設定] 初期内点 $(\boldsymbol{x}_0, \boldsymbol{y}_0, \boldsymbol{v}_0)$ と初期パラメータ $0 < \delta < 1$，$\rho_0 = \delta \boldsymbol{x}_0^T \boldsymbol{v}_0 / n$，$k = 0$ を設定する．

2. [終了判定] $\boldsymbol{x}_k$ が主双対最適性条件を十分な精度で満たし，ρ が十分 0 に近ければ最適解 $\boldsymbol{x}^* = \boldsymbol{x}_k$ として終了とする．

3. ニュートン法の連立方程式 (3.24) を解き，$\Delta \boldsymbol{x}, \Delta \boldsymbol{y}, \Delta \boldsymbol{v}$ を求める．ただし，$\boldsymbol{X}_k = \mathrm{diag}(\boldsymbol{x}_k)$，$\boldsymbol{V}_k = \mathrm{diag}(\boldsymbol{v}_k)$ とする．

$$\begin{pmatrix} \boldsymbol{A} & 0 & 0 \\ 0 & \boldsymbol{A}^T & \boldsymbol{I} \\ \boldsymbol{V}_k & 0 & \boldsymbol{X}_k \end{pmatrix} \begin{pmatrix} \Delta \boldsymbol{x} \\ \Delta \boldsymbol{y} \\ \Delta \boldsymbol{v} \end{pmatrix} = - \begin{pmatrix} \boldsymbol{A} \boldsymbol{x}_k - \boldsymbol{b} \\ \boldsymbol{A}^T \boldsymbol{y}_k + \boldsymbol{v}_k - \boldsymbol{c} \\ \boldsymbol{X}_k \boldsymbol{v}_k - \rho_k \boldsymbol{e} \end{pmatrix} \quad (3.24)$$

4. (3.25) のように更新する．ただし，$\boldsymbol{x}_{k+1}$ が中心パスの近傍 U 内にとどまるように，$0 \leq \alpha \leq 1$ を定める．

$$\begin{aligned} \boldsymbol{x}_{k+1} &= \boldsymbol{x}_k + \alpha \Delta \boldsymbol{x} \\ \boldsymbol{y}_{k+1} &= \boldsymbol{y}_k + \alpha \Delta \boldsymbol{y} \\ \boldsymbol{v}_{k+1} &= \boldsymbol{v}_k + \alpha \Delta \boldsymbol{v} \\ \rho_{k+1} &= \delta \boldsymbol{x}_{k+1}^T \boldsymbol{v}_{k+1} / n \end{aligned} \quad (3.25)$$

5. $k = k+1$ として，ステップ 2 へ行く．

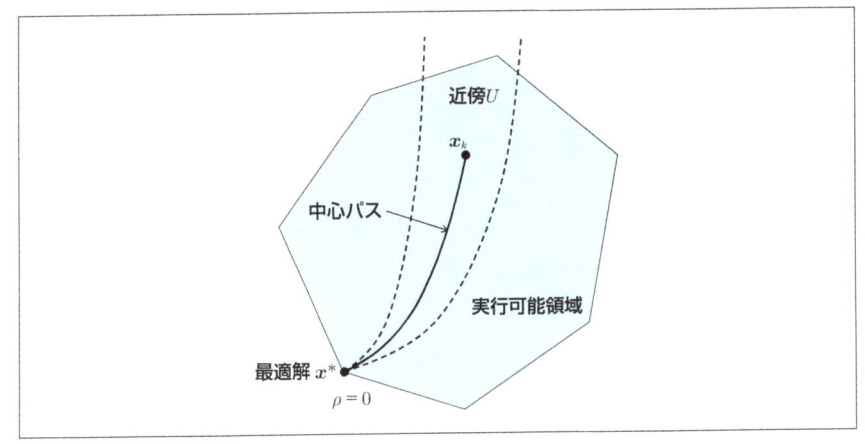

図 3.4 中心パスと近傍 U

中心パスと近傍 U のイメージを図 3.4 に示す．詳細については，文献 [8] や [24] を参照のこと．

3.4 混合整数最適化

混合整数最適化とは，混合整数最適化問題の解を得ることをいう．混合整数最適化問題は，連続変数と離散変数を用いて目的関数と制約が線形の数理モデルとして表せる．そのため，混合整数線形最適化問題ともいう．

変数が，連続変数のみの場合は線形最適化問題，離散変数のみの場合は単に整数最適化問題と呼ぶ．ここでは，混合整数最適化問題のアルゴリズムについて紹介する．整数最適化問題は，混合整数最適化問題でもあるので，整数最適化問題のアルゴリズムと思っていただければ差支えない．

> **注 18.** 目的関数や制約が線形とは限らないものを非線形最適化問題という．目的関数=線形，実行可能領域=2 次錐である 2 次錐最適化問題は比較的やさしい．ほかにも目的関数=2 次，制約=線形である 2 次最適化問題など難しい問題が多い．さらに整数変数も入った整数非線形最適化問題を解くのは，一般に非常に困難である．実務で扱われることが少ないため，本書では述べない．

混合整数最適化問題を解く手法としては，厳密解法 (3.5 節) である分枝限

定法や動的最適化などと，近似解法 (3.6 節) である貪欲法や局所探索法などがある．

3.5 厳密解法

本節では，厳密解法の主な手法である，分枝限定法と動的最適化について述べる．どちらも，もとの問題を分割し，分割した子問題を効率よく解くことにより全探索を行う方法である．

この節では，ナップサック問題を例に説明する．n 個の品物があり，それぞれの容量を w_i，価値を p_i，ナップサックの容量を c とすれば，(3.26) のように定式化できる．

> ナップサック問題
>
> $$\begin{aligned} \text{目的関数：} & \sum_{i=1}^{n} p_i x_i \quad \rightarrow \text{最大} \\ \text{制約条件：} & \sum_{i=1}^{n} w_i x_i \leq c \\ & x_i \in \{0,1\} \quad \forall i \in \{0,1,\ldots,n\} \end{aligned} \quad (3.26)$$

3.5.1 分枝限定法

分枝限定法は，多くの混合整数最適化問題のソルバーで利用されている手法である．この手法は，全探索をベースにした厳密解法であるが，処理を途中で止めれば，途中の解が近似解として得られる．分枝限定法は，変数の値で場合分けして，もとの問題を子問題に分割する．分割された子問題の実行可能領域は，もとの問題の実行可能領域の一部である．

分割は再帰的に行われる．すなわち，もとの問題 A を子問題 B，C に分割し，子問題 B をその子問題 D，E に分割する (図 3.5)．

このように問題を分割する操作を分枝操作 (branching operation) といい，子問題以下に最適解があるかどうか確認する操作を限定操作 (bounding operation) という．

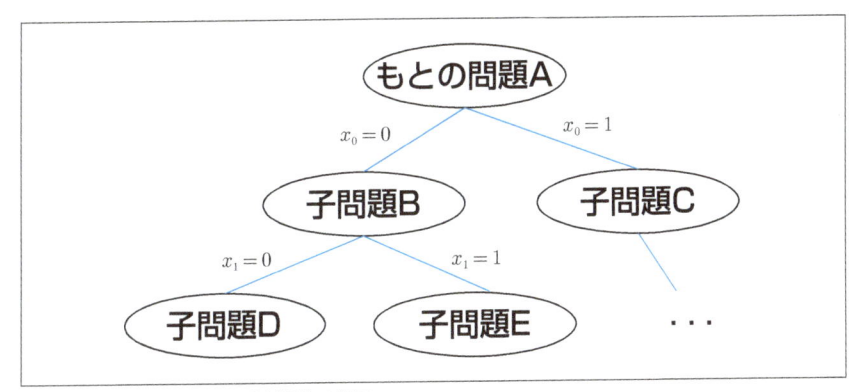

図 3.5 分枝限定法における分枝操作の様子

ナップサック問題の分枝限定法

1. 貪欲法 (3.6.1 項) などにより仮の解 (暫定解と呼ぶ) を得る．貪欲法は，p_i/w_i が大きいものから順番に，c を超えない範囲で選べばよい．最適解の値は暫定解の値以上なので，暫定解の値はこの問題の下界となる．
2. まだ検討していない品物から 1 つ選び検討する．その品物を選ぶと，c を超えるのであれば，その品物は選ばない．そうでなければ，選んだ場合と選ばなかった場合をそれぞれ子問題とする (分枝操作)．
3. 子問題は，0-1 変数 x を連続緩和し (すなわち，$0 \leq x \leq 1$ とし)，線形最適化問題を解き解を得る．その解の値が下界以下であれば，その子問題は捨てる (限定操作)．捨てない場合は，子問題を再帰的に解く．いずれかの子問題で解が得られれば，下界を更新する．
4. すべての子問題が解ければ，下界に対応する暫定解を最適解として出力する．

なお，問題が最小化問題の場合，前述の下界は上界となる．また，ナップサック問題を連続緩和した問題は，3.6.1 項の貪欲法で厳密解が得られる．

3.5.2 動的最適化

動的最適化 (dynamic optimization) では，もとの問題から，一部を除いた小さな問題を考える．この関係を親問題と子問題と呼ぶことにする．子問題

はさらに子問題をもつので，この関係は再帰的に考えられる．親問題の実行可能領域と子問題の実行可能領域は異なる．子問題の解を利用して親問題の解を得られるとしよう．異なる親問題に対し同一の子問題が多く現れることを利用し，子問題の解をメモして覚えておく（メモ化）．動的最適化は，分割統治法をメモ化により効率よく解く方法といえる．実装方法として親問題を子問題に分割するトップダウン方式と，子問題から親問題を作るボトムアップ方式がある．ここからは，ナップサック問題を例にボトムアップ方式を説明する．

---**ナップサック問題の動的最適化**---

1. n 個の品物があり，順番に並んでいるものとする．それぞれの容量を w_i，価値を p_i，ナップサックの容量を c とする．
2. 2次元の表 $t_{i,j}$ を用意する．これは i 番目の品物までで，ナップサックの容量が j のときの最適値を表す．
3. この表を $i=0$ から，またナップサックの容量の小さい方から解いていく．まず，$i=0$ ではすべての容量において解は 0 である．$i=a$，$j=b$ は，下記の式で更新する．

$$t_{a,b} = \max(t_{a-1,b}, t_{a-1,b-w_a} + p_a) \tag{3.27}$$

4. $t_{n,c}$ を解として出力する．

式 (3.27) は，「a 個までの品物を使い容量 b までの価値」は，「$a-1$ 個までで容量 b までの価値」と「$a-1$ 個までで容量 $b-w_a$ の価値＋品物 a の価値」のよい方で決まることを表している．このように，計算量は表の大きさと同じである．したがって，ナップサックの容量が大きいときは表も大きくなり，効率が悪いので，別の方法が望ましい．

3.6　近似解法

本節では，近似解法の主な手法である，貪欲法，局所探索法，メタヒューリスティックス，列生成法についておおまかな枠組について述べる．特定の

問題においては，効率的な解法が知られていることがあるので，詳しくは，文献 [2] を参照してほしい．

現実の問題を最適化問題としてとらえたとき，本質的な部分を残して，なるべく簡潔にすることが肝要である．すべての要素を問題に組入れることは困難であるし，モデルができたとしても複雑すぎて解けないであろう．すなわち，モデルそのものが，近似モデルといえるだろう．したがって，実務においては，厳密解法より計算時間の短い近似解法が有用となる機会も多い．

近似解法は，具体的かつ特殊な問題に対して効果を発揮するものであり，問題ごとに手作りすることが多い．以下に述べるさまざまな解法は，作りやすさ，計算時間，解の精度においてトレードオフがある．貪欲法は作りやすく計算時間も短いが，解の精度は悪い．局所探索法は，貪欲法に比べれば，作成はやや難しく計算時間もやや長いが，解の精度はよい．メタヒューリスティックスには，さらにいろいろな手法があり，ここでは概要を紹介する．列生成法は，本来，線形最適化問題の厳密解法であるが，整数最適化問題に対して近似解法として適用する手法について概要を紹介する．

3.6.1 貪欲法

貪欲法 は，欲張り法またはグリーディ法ともいい，近似解法の中で最も単純なアルゴリズムであり，汎用的に広く用いられる．また，その簡便性から他の解法の初期解を求めるのに用いられたりする．このアルゴリズムは，問題の意思決定対象に対し，局所的な情報だけで順に意思決定していく．1度，意思決定されたものは，最後まで変えないので，高速に計算できるが，最終的に得られる解は近似解となる．ただし，問題によっては，厳密解が得られることが保証される．厳密解が得られる貪欲法を次に紹介しよう．

- クラスカル法
- プリム法
- ジョンソン法

クラスカル法およびプリム法は，グラフ問題における最小全域木問題 (2.1) の厳密解法である．

> **最小全域木問題**
>
> 無向グラフ $G = (V, E)$ 上の全域木 $T = (V, E_T)$ 上の辺の重みの総和 $\sum_{e \in E_T} w(e)$ が最小になる全域木を求めよ.

以下にクラスカル法を述べる. ただし, グラフは連結であるとする.

> **クラスカル法**
>
> 1. 辺の集合 E_T を空集合で初期化し, すべての辺を未探索とする.
> 2. 未探索の辺の内, 重みが最小の辺 e を 1 つ選び, 探索済みとする.
> 3. 辺 $e \cup E_T$ に対し, 閉路ができなければ, E_T に e を追加する.
> 4. 集合 E_T で構成される節点がもとのグラフの節点すべてを含み, かつ (V, E_T) が連結であれば, 最小木 (V, E_T) を出力し, そうでなければ, ステップ 2 に戻る.

なお, 上記アルゴリズムにおいて, 最小重みの辺を順番に選ぶことは, 全辺をソートすればできる. しかし, ヒープを用いれば, より効率よく実行することができる. プリム法については文献 [1] を参照されたい.

ジョンソン法は, 2 機械の場合のフローショップ問題 (2.2.4 項) の厳密解法である. ジョンソン法を適用するには, 各製品の準備時間と納期はすべて同一でなければならない.

> **ジョンソン法**
>
> 1. n 個の製品を前工程機械と後工程機械で処理を行う. すべての処理は $2n$ 個ある.
> 2. これら未決定の処理のうち, 処理時間が最短のものを選ぶ.
> 3. その処理が前工程のものなら, 該当製品をスケジュールの最初から順に並べる.
> 4. その処理が後工程のものなら, 該当製品をスケジュールの後ろから逆順に並べる.
> 5. 該当製品の両工程の処理を決定済みとする.
> 6. 未決定の処理がなくなれば終了し, そうでなければ, ステップ 2 に戻る.

3.6.2 局所探索法

　局所探索法 (local search algorithm) は，組合せ最適化問題に対して広く用いられる実用的な近似解法である．ただし，特定の問題においては厳密解が保証される場合もある．流れを次に示す．

> **局所探索法**
> 1. 初期解 x をいずれかの方法により構築する．
> 2. 解 x の近傍内によりよい解があれば解 x を更新し，ステップ 2 に戻る．よりよい解がなければ終了する．

　局所探索法を作成するときに検討すべき項目は，解の表現方法，近傍，目的関数 である．ナップサック問題を例にしてみてみよう．解は，ナップサックに入れる品物のリストで表現しよう．

　初期解は，空でよい．目的関数は，選んだ品物の価値の和である．近傍の例として，3 つ挙げよう．いずれも，ナップサックの容量を超えない場合のみ近傍とする．

- リストに入っていない品物を 1 つ選び，リストに入れる．
- リストに入っているものから 1 つ，入っていないものから 1 つ選び交換する．
- リストに入っているものから 1 つ，入っていないものから 2 つ選び交換する．

最初の近傍は挿入近傍 (insertion neighborhood)，2 番目の近傍は交換近傍 (exchange neighborhood) と呼ばれる．また，k 個の要素を変化させる近傍を k-opt 近傍 (k-opt neighborhood) と呼んだりする．

　一般に大域的最適解を求めることは困難であるが，局所的最適解は比較的容易に求められる．また実務においては，局所的最適解で十分であることが多い．

3.6.3 メタヒューリスティックス

3.6.2項で得られる局所的最適解を，よりよくすることを考える．解の構造を効率的にするような実装に近い方法や，近傍を見直すことによっても解の改善が可能になることが多い．

ここでは，局所探索法の枠組を超えて，より時間をかけてでも解を改善する方法を紹介する．問題に依存しない形式でこれらを行う方法を総称してメタヒューリスティックス (metaheuristics) と呼ぶ．いくつかを紹介しよう．

・多スタート局所探索法 (multi-start local search: MLS)
・遺伝的アルゴリズム (genetic algorithm: GA)
・粒子群最適化 (particle swarm optimization: PSO)
・アニーリング法 (simulated annealing: SA)
・タブー探索法 (tabu search: TS)

これらの解法には，集中化と多様化と呼ばれる2種類の工夫が見られる．

集中化：よい解どうしが集まっていることを期待し，よい解の周辺を集中的に探索すること
多様化：局所的最適解に陥らないように，幅広く探索すること

すなわち，集中化は局所的な探索を意味し，多様化は大局的な探索を意味する．どのようにバランスよく実現するかが重要となる．

多様化においては，乱数利用の機会が多いため，高速かつ長周期の乱数が有用となる．また，多様化では並列処理が可能なことが多いので並列化可能な環境において有利となる．

多スタート局所探索法 (multi-start local search)

多スタート局所探索法とは初期解を変えて局所探索法を繰り返す方法である．初期解の作成には乱数を用いることが多い．

比較的簡単な実装で，局所探索法よりよい解を得ることができる．局所探索法において，ある変数群の組合せをすべて調べるのが困難な場合，乱数を用いて限定的に調べるようにすると実装が容易になることがある．ここで，こ

の方法を用いることにより，実装を容易にしつつ解の精度も期待できる．

途中までの局所的最適解を初期解に反映させる方法は，適応的多スタート局所探索法という．

遺伝的アルゴリズム (genetic algorithm)

生物の進化のメカニズムを最適化に応用した手法である．解を遺伝子として表現し，複数の遺伝子を用いて交叉や突然変異などの操作と淘汰による世代交代によって，解を探索する．新たに得られた遺伝子について局所探索を行わない場合には実装が容易であるが，単純な局所探索法より解の精度が悪くなることがある．

粒子群最適化 (particle swarm optimization)

鳥や魚の群れがうまく集団で行動する様子を模倣したもので，多数の個体によって集団を形成し，集団に含まれる個体同士が情報交換することにより探索を進める．

アニーリング法 (simulated annealing)

物理現象の焼きなまし (アニーリング) にヒントを得ている．液体状態の鉄が，固体状態へとなる過程を模擬 (シミュレーション) する．具体的には，温度パラメータを用いる．高温状態からはじめ，繰り返しの中で低温状態にしていく．高温では改悪 (目的関数値が悪くなること) を含む探索を許容することにより，局所的最適解からの脱出の可能性をもたせる．低温では，通常の局所探索法に近づく．

タブー探索法 (tabu search)

タブーリストと呼ばれる過去の更新履歴を用いて，同じ解への探索をしないように設計することが特徴である．局所的最適解に陥っても改悪を許すため，局所解からの脱出の可能性をもっている．

メタヒューリスティックスには，これら以外にもさまざまな工夫が考えられている．詳細は，文献 [2] を参照されたし．

3.6.4 列生成法

列生成法 (column generation algorithm) は，線形最適化問題を解くための手法である．ここでは，整数最適化問題に対し，列生成法を適用することで，近似解を得る方法について紹介する．列生成法で高精度な解が得られることが多いが，問題によってはそうでないこともある．もとの問題が複雑でも列生成法の枠組では，複雑な部分が子問題となる．そこで，子問題に対し近似解法を適用するなどすれば，より柔軟にアルゴリズムを構成することも可能である．

ビンパッキング問題 (2.2.5 項) を例に説明する．

ビンパッキング問題

容量 $c(>0)$ の箱がいくつかと n 個の荷物 $N=\{1,2,\ldots,n\}$ が与えられている．荷物 $j \in N$ の容量を $w_j(>0)$ とする．すべての荷物をいずれかの箱に入れるとき，箱の数を最小にする詰合せを求めよ．

まず，ビンへの荷物の詰込み方のパターンを全列挙してみよう．1つのパターンは，1つのビンへの荷物の詰込み方を表す．x_j は，パターン j を使うなら 1，そうでないなら 0 の 0-1 整数変数とし，a_{ij} は，荷物 i がパターン j に含まれるなら 1，そうでないなら 0 を表す．パターン集合を P とする．ビンパッキング問題は，(3.28) のように定式化できる．

ビンパッキング問題の主問題

$$\begin{array}{ll} \text{目的関数:} & \sum_j x_j \quad \rightarrow \text{最小} \\ \text{制約条件:} & \sum_j a_{ij} x_j \geq 1 \quad \forall i \in N \\ & x_j \in \{0,1\} \quad \forall j \in P \end{array} \quad (3.28)$$

実際に全パターンを列挙すると膨大な数になり実用的でない．そこで，なるべく少ないパターンでよい解を得ようとするのが，列生成法によるアプローチとなる．十分なパターンが網羅されていない場合，得られる解は近似解となる．主問題の制約は，荷物がいずれか1つ以上のパターンに含まれることを表す．不等号でなく等号としてもよいが，不等号とすることでパターンが不十分でも解が得られやすいので，不等号としている．

ここでは，主問題を連続緩和した緩和問題に対して列生成法を適用する．

ビンパッキング問題の緩和問題

$$
\begin{aligned}
&\text{目的関数:} & &\sum_j x_j & &\to \text{最小} \\
&\text{制約条件:} & &\sum_j a_{ij} x_j \geq 1 & &\forall i \in N \\
& & &0 \leq x_j \leq 1 & &\forall j \in P
\end{aligned}
\tag{3.29}
$$

列生成法では，少ないパターンからはじめて，徐々にパターンを増やして行く．最初は，例えば，各荷物を1つだけ入れるパターンを荷物数だけ用意する．

この緩和問題のパターン (すなわち a_{ij}) が十分得られた後，そのパターンに対してもとの主問題を解くことにより，最終的に主問題の解が得られる．ただし，パターンは連続緩和で得られたものなので，十分ではない可能性があるため，得られる解は近似解となる．

ビンパッキング問題の双対問題

$$
\begin{aligned}
&\text{目的関数:} & &\sum_{i=1}^n y_i & &\to \text{最大} \\
&\text{制約条件:} & &\sum_{i=1}^n a_{ij} y_i \leq 1 & &\forall j \in P \\
& & &0 \leq y_i & &\forall i \in N
\end{aligned}
\tag{3.30}
$$

さて緩和問題の双対問題は，(3.30) のようになる．この問題の最適解を y^* とする．もし，パターンが十分ではない場合，y^* は十分なパターンの問題に対する最適解にはなっていない．これは，あるパターンが存在し，$\sum_i b_i y_i^* > 1$ となることを意味する．

注 19. なんとなれば，いかなるパターンをもってきても $\sum_i b_i y_i^* \leq 1$ であるなら，y^* は全パターンに対する最適解である．

> **ビンパッキング問題の子問題**
>
> $$\begin{aligned}目的関数:\quad & \sum_{i=1}^n b_i y_i^* \quad \to \text{最大} \\ 制約条件:\quad & \sum_{i=1}^n w_i b_i \leq c \\ & b_i \in \{0,1\} \quad \forall i \in N\end{aligned} \qquad (3.31)$$

　さてここで，子問題 (3.31) を解いてみよう．この子問題は，ナップサック問題なので，もともとのビンパッキング問題より簡単に解ける．また，もともとの問題が複雑であっても，この子問題を複雑にすればよい．さらにこの子問題が複雑な場合，近似解法を用いる方法もある．

　この子問題の最適解の値が 1 以下であれば，追加するパターンはないので終了となる．値が 1 を超えていれば，b を新たなパターンとして a に加える．

　列生成法は，主問題に対し，列 (すなわち変数) が追加されていくことから，このように呼ばれている．

第4章
実問題に臨む考え方

1.2 節において，問題解決に向け組合せ最適化を適用する際の基本となる流れ (図.1.6) と考え方を紹介した．本章では，著者の実務での経験に基づき，実問題へ臨む際の一助になることを期待して，より現実の問題解決に近いところで求められる心構えを紹介する．
　著者らが実務で扱ってきた具体的な問題例を挙げ，それらがどの標準問題へと帰着され，どの解法で解いたのかを紹介する．
　本書では，個別の具体的な最適化ソルバー (最適化問題を解くためのツール) についての解説は割愛するが，解きたい問題を定式化したものを実際に最適化ソルバーで解かせるやり方について勘所を紹介する．

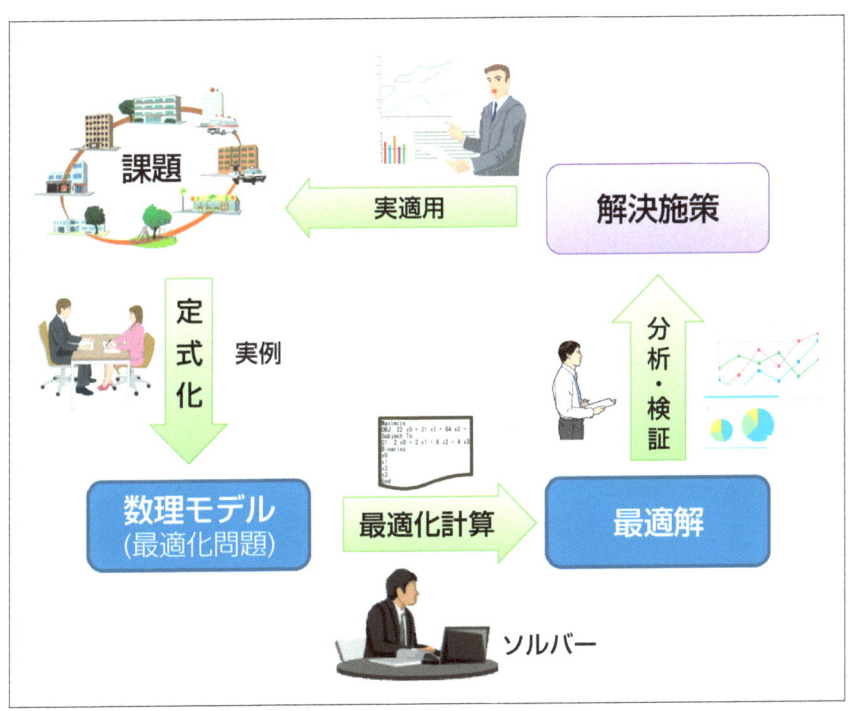

図 4.1　実問題の解決の流れ

4.1 最適化による問題解決の心得

情報通信業，製造業，電力，ガスなど広範な業種にわたる一般企業や官公庁のさまざまな課題に対して，最適化技術を用いたコンサルティングやソフトウェア開発の業務に長年従事してきた経験を通し，蓄積された有益と思われる事柄を，図 4.1 に示した実問題を解決する流れにそって「心得」として紹介する．

すべて著者らの経験に基づくものであるため，必ずしも読者の状況に合っていないこともあることに留意いただいた上で，参考にしていただきたい．

定式化と最適化計算

● 目的をはっきりさせよう

　問題解決業務において，目的があやふやだったり，みんながバラバラな目標をもっていたりすると，失敗しやすい．その業務にとってよりどころとなる柱を決めることは非常に重要である．多目的である場合も抜けや漏れがないようにし，優先順位を決める必要がある．

　目的がしっかりしていれば，さまざまな場面で大小の意思決定を求められたときに，適切に考えることができる．また，チームを結束させる原動力にもなる．

● 数理モデルはシンプルにしよう

　実際の問題解決において最適化で万事解決ということはまずない．理想的には，数理モデルが現実の状況を正確に表現できていることが望ましいし，それ自体意義のあることではあるが，問題が複雑になりすぎ最適化計算が困難になり現実的に利用できないことが多い．そこで，何かしら取捨選択 (つまり近似，緩和) をして数理モデルを簡略にする必要がある．

　現場で実務を行っている人は，業務を (数式で表せるほど) 厳密に形式化しているわけではない．モデルは結果を見ながら，変えていくことになる．設計，開発，検証のサイクルを何度か繰り返すためにもシンプルであることが役立つ．

　シンプルであれば，モデルを本質的にすることもできる．そのようなモデルを使うことで本質的な部分で論理的な理解が可能となり，課題解決の

ための施策の立案や策定の議論を建設的に進める土台にもなるからである．
- 多くの実例を見てみよう

　各標準問題について実務で扱った具体的な問題例を 4.2 節で紹介する．どの標準問題へと帰着されたのか，どの解法で解いたのかをまとめている．このような例をより多く知ることは，実問題の数理モデル構築のスキルアップには欠かせない．

　アプローチは，1 通りだけではない．同じ問題でもいくつかの手法が存在することもある．経験を積むことにより，ケースバイケースでやり方を選べるようになるだろう．
- よい定式化を心がけよう

　混合整数最適化問題では，複数の定式化ができることがある．定式化の仕方によって，最適化ソルバーの計算時間が異なることも多い．解きやすくするためには，強い定式化を心がけるとよい．

> 注 20. 強い定式化とは，整数変数を連続緩和しても，その制約に関わる実行可能領域が変わらないものをいう．

　また，現実の問題が複数の標準問題の変形としてとらえられることもある．どのような定式化がよいかを選ぶためには，既存の研究の調査や，大学・研究所の研究者に相談することなども考えられる．
- モデル記述は柔軟に使い分けよう

　モデルの記述方法は，いろいろある．最適化ソルバーを使う場合，最初のステップとして，数理モデルをテキストデータで記述する方法がある．そのときの考え方を 4.3 節で紹介する．

分析・検証と実適用
- 正当性の検証と妥当性の検証

　数理モデルと，それを実際に動くように作られたソフトウェアが，合っているかどうかを調べることを正当性の検証という．正当性の検証は，機能単位で確認する．

　現実の問題と数理モデルが合っているかどうかを確かめることを妥当性

の検証という．妥当性の検証では，その数理モデルが本当に使えるのかどうかを確認するのだが，数理モデル作成者だけでは行えない．課題を抱える当事者つまりその分野の専門家と一緒に検討しなければいけない．専門家の見方は鋭い．それを十分に咀嚼して活かすことが非常に有用である．

● 結果からモデルを見つめ直そう

　数理モデルを解いた結果をそのまま信じてはいけない．教科書に載っている数理モデルだからといって，実問題でそのまま使えるとは限らない．

　数理モデルは現実を数式で表現したものであり，本来的に対象とのギャップが存在するからである．数理モデルには現実の近似や抽象化が含まれており現実の対象課題とのずれから完全には逃れられない．さらに，そもそも現実の問題状況の把握が不十分で，制約条件が抜けていることもしばしばである．

　仮に，数理モデルの厳密解が得られても現実の問題に対してはギャップがあり得る．最適化結果を検証し，問題の状況から考えてみて最適化結果がおかしいような場合には，もとの数理モデルから見直してみるべきだろう．

● 結果の見せ方・伝え方を工夫しよう

　よい数理モデルができ最適化計算によって最適解が得られたとしても，そのまま最適値と最適解を示しただけでは，最適化の結果のよし悪しの判断はそれほど容易でない．

　そこで，最適解と一緒に，最適解のロバスト性や感度や，(近似解の場合)厳密解との乖離度合などの付加情報を要求されることが多い．また，最適化の結果について，図表による可視化は効果的である．さらにアニメーションなどを使った表現をすると，たちどころにおかしな点について気づくことも多い．こうした工夫により，検証過程の効率化ができるだけでなく，結果の受容性・納得性の高い最適化結果の提示ができるようになる．

● 価値・効果を生み出そう

　最適化の結果が求まり有用な検討結果も得られ立派な報告書ができたとしても，実適用して実際に効果が出なければ問題解決をしたことにはならない．

　数理モデルから得られた最適化結果に基づいて問題解決の施策を立てたとして，物理的な制約，運用や実施体制などいろいろな状況下で実際に実

施するのが困難なケースもある．これは対象課題の目的を把握する段階で，何が操作可能か検討が不足していて起こる．このような場合には，定式化から再度問題解決プロセスをたどる．1回ですべてうまくいくことは稀で，最適化による問題解決は循環型の手順を通して洗練化されていくと考えておくべきである．

● 実験的解析の勧め

対象の問題を解くのに必要な計算時間と得られる最適解の精度とを把握していることは極めて重要になる．実務では，最適化問題の数理モデルに対して，アルゴリズムを計算機上に実装し実際に動かして得られる情報をもとにアルゴリズムの性能評価をしたり洞察を得たりする．これを **実験的解析 (experimental analysis)** と呼ぶ．

一般的な計算量解析 (最悪値解析や確率的解析) によるアルゴリズムの評価は，現実からかけ離れている．そのため，より現実的なアルゴリズム評価の方法として実験的解析が採用されている．実験的解析については，文献 [1] に詳しく，実験的解析の方法論，道具，考え方など丁寧に紹介されているので参考にされたい．

4.2 実例と標準問題とアルゴリズム

実務で実際に扱った具体的な最適化事例から，各標準問題に対して1つずつ典型的な例を紹介する．各問題は，図 4.2 に示している．取り上げた各問題がどの標準問題に帰着され，どの解法で解かれたのかも図 4.2 にまとめている．

> **注 21.** 解法の欄が，厳密解法となっている問題では汎用の (混合) 整数最適化問題ソルバーを利用した．近似解法となっている問題の場合は，個別にアルゴリズムを実装して解いた．

2.1 節では，課題と標準問題と解法のつながりを図 2.2 に模式的に表現した．ここで紹介した具体的問題の場合について，図 2.2 と同様の図を図 4.3 に示した．課題と標準問題と解法のつながり方は，もちろん，図 4.3 に表されて

標準問題クラス	事例	問題状況	解法
グラフ・ネットワーク問題 最小費用流問題	空箱の輸送コスト最適化	世界中に散らばる空箱を、余っているところから足りないところに輸送する。箱に荷物を入れて運んでいるので、需要には偏りがあるので、余った箱を足りないところに戻す必要がある。複数ある輸送手段ごとの容量制約や国ごとに異なるルールがある。	厳密解法
経路問題 運搬経路問題	ビークル間連携配送最適化	複数のビークル(航空機、船舶、車両)を連携させながら輸送計画を作成する。 人や物資や車両の物量を輸送元から輸送先まで運びたい。 経路は、陸海空を選べるが、連携しないと運べないこともある。	近似解法 (貪欲法)
集合被覆・分割問題 集合被覆問題	船舶スケジューリング最適化	生産地から需要地に複数の船舶で運びたい。 不定期船を用いて、日本全国の複数の生産工場から複数の保管場所に貨物を効率よく運ぶ計画を立てたい。船によって利用できる港や貨物の種類が異なる。	厳密解法
スケジューリング問題 勤務スケジューリング問題	店舗シフトスケジューリング	店舗のスタッフのシフトを月に1度、店長ごとに人手で作成する。 店舗は数百カ所あり、スタッフは数名から数十名いるため、作成に時間がかかる。 また店長によりバラバラな判断基準で作成していた。	近似解法 (タブー探索法)
切出し・詰込み問題 3次元パッキング問題	3次元パッキング最適化	パレットへの貨物の効率的な詰込み方法を求める。 複数の貨物を効率よくパレット(角の取れた立方体)に詰め込んで何個のパレットが必要かを知りたい。 注文時の見積りや作業現場において利用する。	近似解法 (多スタート局所探索法)
配置問題 施設配置問題	避難施設配置最適化	津波に対する避難場所を決定する。高台などが近くにない地域では、収容可能な高層ビルを緊急時の避難所に自治体が指定することがある。装備配置コストをおさえてすべての住民をなるべく早く避難させるためには、どこを選べばよいか決めたい。	厳密解法
割当・マッチング問題 一般化割当問題	大規模データベース配置最適化	複数のリソースからなるデータベースへデータを配置したい。 使用頻度の高いデータを同じリソースに割当てると負荷が集中して利便性が損なわれる。 リソースごとの使用頻度の最大値を最小化したい。	近似解法 (局所探索)

図 4.2 各標準問題の実例

いるのと異なる定式化や解法でも解ける場合もあるが，実務の中で効果的だと考えて実際に実施した通りに矢印でつないでいる．

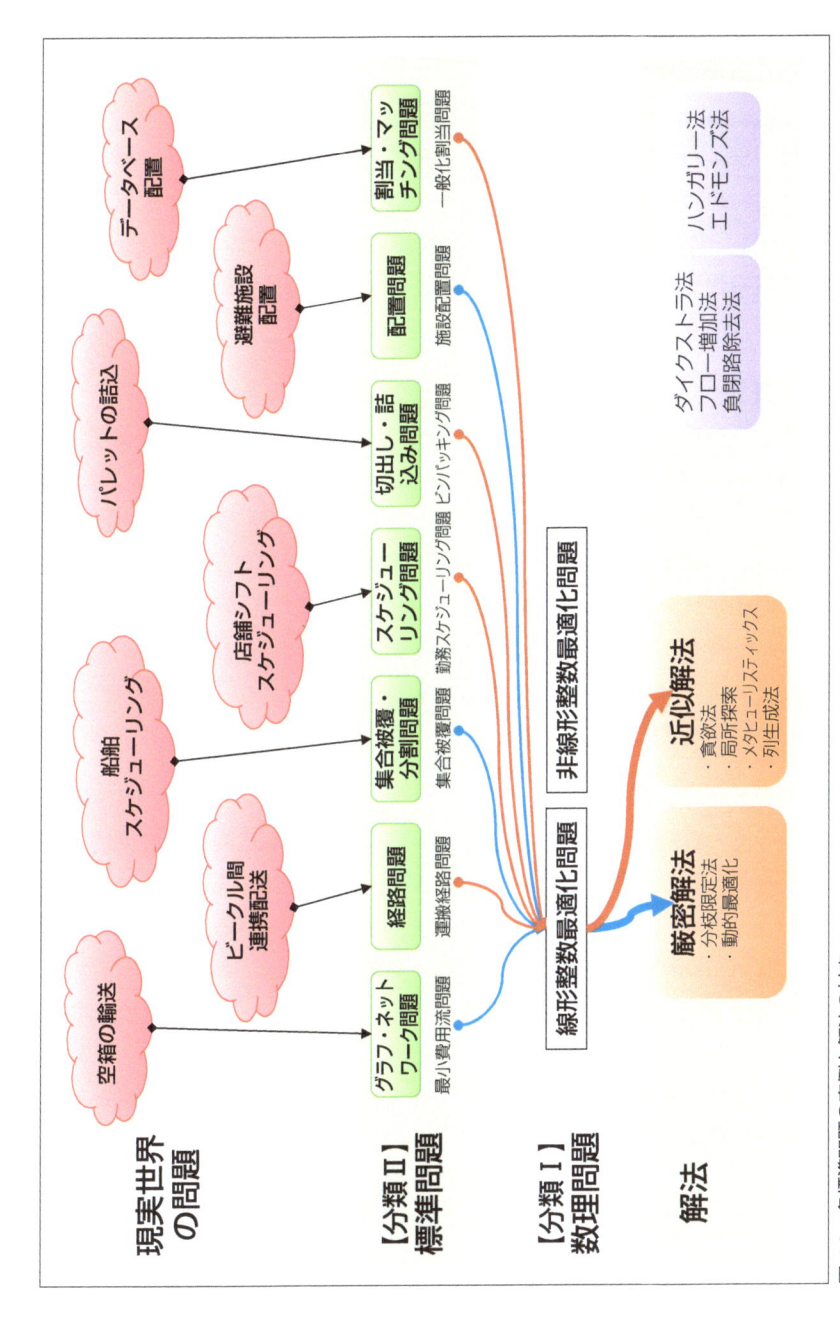

図 4.3　各標準問題の実例と解法の対応

4.3 数理モデルの記述

現在では，商用からフリーのものまで，最適化ソルバーは数多く存在する．本書では，ソルバーについては直接の解説をしないが，最適化ソルバーの利用について，定式化された数理モデルを実際にソルバーを使って実行させる方法について，特に数理モデルの入力形式を中心に簡単にいくつか紹介する．

同一の最適化問題に対していくつかの数理モデルの入力形式を図 4.4 にまとめている．適宜参照しながら以下を読んでいただきたい．

Excel を使う

Excel 上でモデルの定式化を行うことができる．ビジネス現場では Excel を使う機会が非常に多いので，抵抗がない人が多い．Excel に標準的に備わっている機能だけでも，組合せによってはかなりの最適化を実践できる．入門用にはよいが，変数や制約条件の数の制限があり小規模な問題しか解けない．

有料アドインソフトウェアを使えば，大規模なモデルも構築可能であるが，Excel で大規模モデルを構築することはお勧めしない．モデルの詳細がわかりづらくメンテナンスもしづらいためである．

Excel による最適化については，文献 [22] を参照されたし．

標準入力フォーマットを使う

非常に多くの最適化ソルバーがサポートしている最適化問題の標準的な入力形式があり，**LP 形式 (LP format)** や **MPS 形式 (MPS format)** がよく知られている．大学の授業や研究などでもよく利用されている．これらの形式の場合，変数や制約条件の数の少ない小さな最適化問題であれば，一般のエディタを用いて，直接数理モデルを記述することもできる．ここでは，図 4.4 に LP 形式の例を示している．

別途最適化ソルバーを準備すれば，MPS 形式や LP 形式のファイルとして記述された数理モデルが最適化ソルバーに読み込まれ，ソルバーに搭載されているアルゴリズムで最適化が実行される．

ただし，実務の現場では，大規模問題を扱うことの方が多く，これらの形式は直接最適化ソルバーへの入力にはあまり使わず，複数の (最適化) 実行

最適化問題

目的関数：$22x_0 + 31x_1 + 64x_2 + 43x_3$　→最大
制約条件：$2x_0 + 3x_1 + 6x_2 + 4x_3 \leq 9$
　　　　　$x_i \in \{0, 1\}$　$i = \{0, 1, 2, 3\}$

記述法	入力ファイル例
Excel	変数　0　0　0　0 目的関数　22　31　64　43 制約　2　3　6　4 <= 9
標準フォーマット [LP形式]	``` Maximize OBJ: 22 x0 + 31 x1 + 64 x2 + 43 x3 Subject To C1: 2 x0 + 3 x1 + 6 x2 + 4 x3 <= 9 Binaries x0 x1 x2 x3 End ```
モデリング言語 [AMPL]	``` var x{0..3} binary; maximize obj: 22*x[0] + 31*x[1] + 64*x[2] + 43*x[3]; subject to C1: 2*x[0] + 3*x[1] + 6*x[2] + 4*x[3] <= 9; ```
プログラミング言語 [Python]	``` p = [22, 31, 64, 43] w = [2, 3, 6, 4] c = 9 n = len(p) m = LpProblem('knapsack', LpMaximize) x = [LpVariable('x%d' % i, cat=LpBinary) for i in range(n)] m.setObjective(lpDot(p, x)) m.addConstraint(lpDot(w, x) <= c) m.solve() for v in x: print(value(v)) ```

図 4.4　数理モデルの記述法

モジュールの間でやりとりする場合に使うことが多い．

モデリング言語を使う

特に大規模で複雑な最適化問題を効率的に記述するためには，最適化問題の数理モデルのためのモデリング言語 (modeling language) を用いる．

モデリング言語は，現実の実務問題を解決するための実務家用の記述言語として開発されており，有料の最適化ソルバーとセットであることも多い．

モデリング言語もさまざま存在するが，例えば，AMPL は集合を効率よく操作するための演算が豊富で大規模な問題を柔軟に記述できるようになっている (AMPL による記述例も図 4.4 参照)．LP 形式などよりも記述力ははるかに高いが，その分，言語を覚える必要があり，最初は少し敷居が高い．

プログラミング言語を使う

世の中に数多くあるプログラミング言語用のインターフェースを使って，最適化モデルを作成することもできる．以前であれば，C++ や C♯ などのコンパイル型言語が使われることが多かったと思われるが，最近では，スクリプト型言語の Python を用いて定式化を記述することも増えている (例えば，文献 [15])．また，Python は最適化だけでなくいろいろな数学関連のソフトなどでも，数式やアルゴリズムの記述に用いられている．

Python を用いるメリットをあげよう．

- 定式化の数式とほぼ対応した形で記述でき，モデルがシンプルになる．可読性も高く保守もしやすい．おおよそ C++ の数分の 1，C♯ の半分くらいの記述量で済む．
- シンプルな文法なので学習コストが小さい．
- 汎用言語であるため，さまざまなことがあわせてできる．Python はライブラリも多く，公開されているものだけでも 6 万近くあり有用なものも多い．例えば，Web からデータを取得して，集計して，分析して，最適化して可視化するなど，すべて Python でできる．
- 世の中で多くのユーザに使われており，さまざまな環境で実行可能である．例えば IronPython を使えば，C♯ とメモリ空間を共有して実行可能である．
- Python で記述した数式モデルをサポートしているソルバーは，有料も無料も含めていろいろある．現時点では Python が最も多くの最適化ソルバーを扱えるといってよいだろう．

デメリットとしては，C++ などに比べると実行時間が遅いことだが，最適化全体の実行時間の大半は最適化ソルバーの最適化計算時間であるため，影響は少ない．Python でかかる実行時間はモデルの作成時間であり，最適化の求解はソルバーが行うことに注意．

関連図書

[1] 久保幹雄 (著)『組合せ最適化とアルゴリズム』共立出版, 2000.

[2] 柳浦睦憲, 茨木俊秀 (著)『組合せ最適化―メタ戦略を中心として』朝倉書店, 2001.

[3] Bernhard Korte, Jens Vygen (著) 浅野孝夫, 浅野泰仁, 小野孝男, 平田富夫 (翻訳)『組合せ最適化―理論とアルゴリズム』シュプリンガージャパン, 2009.

[4] 久保幹雄, 田村明久, 松井知己 (編)『応用数理計画ハンドブック』朝倉書店, 2012.

[5] R.J. ウィルソン (著) 西関隆夫, 西関裕子 (翻訳)『グラフ理論入門』近代科学社, 2001.

[6] 穴井宏和 (著)『数理最適化の実践ガイド』講談社, 2013.

[7] 中山弘隆, 岡部達哉, 荒川雅生, 尹禮分 (著)『多目的最適化と工学設計―しなやかシステム工学アプローチ』現代図書, 2008.

[8] 小島政和, 土谷隆, 水野眞治, 矢部博, 『内点法』朝倉書店, 2001.

[9] ERATO 湊離散構造処理系プロジェクト (著), 湊真一 (編)『超高速グラフ列挙アルゴリズム―〈フカシギの数え方〉が拓く, 組合せ問題への新アプローチ―』森北出版, 2015.

[10] マイケル・シプサ (著) 渡辺治, 太田和夫, 阿部正幸, 植田広樹, 田中圭介, 藤岡淳 (翻訳)『計算理論の基礎』共立出版, 2000.

[11] 室田一雄 (著)『離散凸解析の考え方―最適化における離散と連続の数理』共立出版, 2007.

[12] 室田一雄, 塩浦昭義 (著)『離散凸解析と最適化アルゴリズム』朝倉書店, 2013.

[13] 藤澤克樹, 梅谷俊治 (著)『応用に役立つ50の最適化問題』朝倉書店,

2009.

[14] 福島雅夫 (著)『新版 数理計画入門』朝倉書店, 2011.

[15] 久保幹雄, J.P. ペドロソ, 村松正和, A. レイス (著)『あたらしい数理最適化 — Python 言語と Gurobi で解く —』近代科学社, 2012.

[16] Vašek Chvátal (著), 阪田省二郎, 藤野和建, 田口東 (翻訳)『線形計画法〈下〉』啓学出版, 1988.

[17] 山本芳嗣, 久保幹雄 (著)『巡回セールスマン問題への招待』朝倉書店, 1997.

[18] 鍋島一郎 (著)『スケジューリング理論』森北出版, 1974.

[19] 黒田充, 村松健児 (編)『生産スケジューリング』朝倉書店, 2002.

[20] 岡部篤行, 鈴木敦夫 (著)『最適配置の数理』朝倉書店, 1992.

[21] 藤重悟 (著)『グラフ・ネットワーク・組合せ論』共立出版, 2002.

[22] 藤澤克樹, 後藤順哉, 安井雄一郎 (著)『Excel で学ぶ OR』オーム社, 2011.

[23] 田村明久, 村松正和 (著)『最適化法』共立出版, 2002.

[24] 茨木俊秀 (著)『最適化の数学』共立出版, 2011.

索引

数字・欧文・記号

1DCSP (1 dimensional cutting stock problem) 70
1 機械問題 (one-machine problem) 61
1 次元資材切出し問題 (1 dimensional cutting stock problem: 1DCSP) 70
2 次最適化問題 (quadratic optimization problem) 10, 101
2 次錘最適化問題 101
2 次割当問題 (quadratic assignment problem: QAP) 74
2 頂点対最短路問題 50
2 部グラフ (bipartite graph) 24
AMPL 122
BDD (binary decision diagram) 30
CSP (constraint satisfaction problem) 13
GA (genetic algorithm) 108
k-opt 近傍 (k-opt neighborhood) 107
k-SAT 問題 (k-SAT problem) 13
$L^\natural$ 凸関数 ($L^\natural$-convex function) 28
LP 形式 (LP format) 123
L 凸関数 (L-convex function) 27
$M^\natural$ 凸関数 ($M^\natural$-convex function) 27
MLS (multi-start local search) 108
MPS 形式 (MPS format) 122
M 凸関数 (M-convex function) 27
$\mathcal{NP}$ 完全 ($\mathcal{NP}$-complete) 34
$\mathcal{NP}$ 困難 ($\mathcal{NP}$-hard) 34
$\mathcal{P} \neq \mathcal{NP}$ 予想 34
PSO (particle swarm optimization) 108
Python 124
QAP (quadratic assignment problem) 73
SA (simulated annealing) 108
SAT (satisfiability problem) 13
SCM (supply chain management) 4
SCP (set covering problem) 59
SPP (set partitioning problem) 59
TS (tabu search) 108
TSP (traveling salesman problem) 57
VRP (vehicle routing problem) 55
ZDD (zero-suppressed binary decision diagram) 30

あ行

アニーリング法 (simulated annealing: SA) 109
安定結婚問題 (stable marriage problem) 80
安定集合 (stable set) 48
安定マッチング (stable matching) 80
安定マッチング問題 (stable matching problem) 80
位数 (order) 22
1 機械問題 (one-machine problem) 61

1次元資材切出し問題 (1 dimensional cutting stock problem: 1DCSP) 70
一般化割当問題 (generalized assignment problem) 73, **75**
遺伝的アルゴリズム (genetic algorithm: GA) 109
運搬経路問題 (vehicle routing problem: VRP) 55
枝 (branch) 22
エドモンズ法 (Edmonds algorithm) 91
オイラーグラフ (Euler graph) 24
オイラーの定理 24
オイラー閉路 24
オイラー路 (Euler path) 24
オーダー記法 (order notation) 31
オープンショップ問題 (open shop problem) 63
重みつき最小頂点被覆問題 (minimum weighted vertex cover problem) 47
重みマッチング問題 78

か行

カット (cut) 45
カルーシュ・キューン・タッカー条件 (Karush-Kuhn-Tucker condition) 98
看護師スケジューリング問題 (nurse scheduling problem) 64
完全2部グラフ 89
完全マッチング (perfect matching) 73
緩和法 (relaxation method) 17
緩和問題 (relaxation problem) 17
木 (tree) 24
基底解 (basic solution) 94
基底行列 (basic matrix) 93
基底変数 (basic variable) 94
供給節点 51
共役性 (conjugacy) 28

強連結 (strongly connected) 23
局所探索法 (local search algorithm) 107
局所的最適解 (locally optimal solution) 7
極大マッチング (maximal matching) 73
切出し問題 (cutting problem) 67
近似解法 (approximation algorithm) 16, **104**
近傍 (neighborhood) **6**, 108
勤務スケジューリング問題 (rostering problem) 61, **63**
空間計算量 (space complexity) 31
組合せ最適化 (combinatorial optimization) 4
組合せ最適化問題 (combinatorial optimization problem) **5**, 6, 8
クラス (class) 8
クラス $\mathcal{NP}$ (class $\mathcal{NP}$) 33
クラス $\mathcal{P}$ (class $\mathcal{P}$) 32
クラスカル法 (Kruskal method) 45, **106**
グラフ (graph) 22
グラフ問題 42
グラフ理論 22
クリーク (clique) 48
グリーディ法 105
計算の複雑さの理論 (computational complexity theory) 30
計算複雑度 31
計算量 (complexity) 31
ゲイル・シャプレーの解法 (Gale-Shapley) 80
経路問題 55
決定性計算 (deterministic computation) 33
決定変数 (decision variable) 4
決定問題 (decision problem) 36
限定操作 (bounding operation) 102
厳密解法 (exact algorithm) 16, **102**

弧 (arc)　23
交換近傍 (exchange neighborhood)　107
交換公理 (exchange axiom)　27
交互路 (alternating path)　90
考慮制約　64
混合整数最適化　101
混合整数最適化問題 (mixed integer optimization problem)　**9**, 101, 102

さ行

最小重み完全マッチング問題 (minimum weight perfect matching problem)　79
最小カット問題 (minimum cut problem)　46
最小木問題　43
最小全域木 (minimum spanning tree)　43
最小全域木問題 (minimum spanning tree problem)　**43**, 106
最小頂点被覆問題 (minimum vertex cover problem)　47
最小費用流問題 (minimum cost flow problem)　35, 39, 49, **53**, 89
最大安定集合問題 (maximum stable set problem)　48
最大重み完全マッチング問題　78
最大重みマッチング問題 (maximum weight matching problem)　78
最大カット問題 (maximum cut problem)　45
最大クリーク問題　48
最大フロー最小カット定理　88
最大マッチング (maximum matching)　73
最大マッチング問題 (maximum matching problem)　76
最大流問題 (maximum flow problem)　51

最短路問題 (shortest path problem)　**49**, 86
最適化 (optimization)　4
最適解 (optimal solution)　5, 6
最適化問題 (optimization problem)　4
最適値 (optimal value)　6
サプライ・チェーン・マネジメント (supply chain management:SCM)　4
暫定解　103
残余ネットワーク (residual network)　88
時間計算量 (time complexity)　31
次数 (degree)　22
指数時間アルゴリズム (exponential time algorithm)　31
施設配置問題 (facility location problem)　70
実験的解析 (experimental analysis)　119
実行可能解 (feasible solution)　5
実行可能領域 (feasible region)　5
実効定義域 (effective domain)　27
弱双対定理 (weak duality theorem)　20, 99
集合被覆問題 (set covering problem: SCP)　59
集合分割問題 (set partitioning problem: SPP)　59
充足可能性問題 (satisfiability problem: SAT)　13
縮約 (contraction)　90
主双対最適性条件 (primal-dual optimality condition)　99
主問題 (primal problem)　19
需要節点　51
巡回セールスマン問題 (traveling salesman problem:TSP)　57
循環 (cycling)　97
乗務員スケジューリング問題 (crew scheduling problem)　64
ジョブ (job)　61

索　引　　　129

ジョブショップ (job shop)　61
ジョブショップ問題 (job shop problem)　61
ジョンソン法 (Johnson's algorithm)　63, **107**
シンク　51
シンプレックス乗数 (simplex multiplier)　95
シンプレックス表 (simplex tableau)　98
シンプレックス法 (simplex method)　94
数理計画法 (mathematical programming)　5
数理最適化 (mathematical optimization)　4
数理モデル (mathematical model)　4, 42
数理問題　15, 40
スケジューリング問題 (scheduling problem)　61
スターリングの公式 (Stirling's formula)　32
スラック変数 (slack variable)　99
整数最適化問題 (integer optimization problem)　8, 101, 110
整数ナップサック問題　69
制約関数 (constraint function)　6
制約充足問題 (constraint satisfaction problem: CSP)　13
制約条件 (constraint)　4
制約つき最適化問題 (constrained optimization problem)　6
制約なし最適化問題 (unconstrained optimization problem)　6
節 (clause)　13
接続行列 (incidence matrix)　76
絶対制約　64
節点 (node)　22
ゼロサプレス型二分決定グラフ (zero-suppressed binary decision diagram: ZDD)　30
全域木 (spanning tree)　42

線形最適化緩和問題 (linear optimization relaxation problem)　17
線形最適化　93
線形最適化問題 (linear optimization problem)　**9**, 93
線形最適化問題 [主問題]　21
線形最適化問題 [双対問題]　21
線形最適化問題 (標準形)　93
選好順序 (preference order)　80
センター問題 (center problem)　71
全点対最短路問題　50
増加路 (increasing path)　90
相対コスト係数 (relative cost coefficient)　95
双対ギャップ (duality gap)　20
双対性 (duality)　28
双対定理 (duality theorem)　20
挿入近傍 (insertion neighborhood)　107
ソース　51
ソルバー　102, 114, 122

た行

大域的最適解 (globally optimal solution)　6
退化 (degeneration)　97
ダイクストラ法 (Dijkstra method)　50, **86**
多角形詰込み問題 (two-dimensional irregular stock cutting problem)　70
多項式時間アルゴリズム (polynomial time algorithm)　31
多スタート局所探索法 (multi-start local search: MLS)　108
タブー探索法 (tabu search: TS)　109
多目的最適化問題 (multi objective optimization)　7
単一始点最短路問題　50
単純路 (simple path)　23

端点 (end nodes)　22
単目的最適化問題化 (single objective optimization)　7
中心パス (center path)　100
頂点 (vertex)　22
頂点被覆 (vertex cover)　46
長方形詰込み問題 (rectangle packing problem)　70
詰込み問題 (packing problem)　67
定式化 (formulation)　4
デポ (depot)　55
動的最適化 (dynamic optimization)　103
独立集合 (independent set)　48
凸2次最適化問題 (convex quadratic optimization problem)　12
凸解析 (convex analysis)　25
凸拡張 (convex extension)　26
凸拡張可能 (convex extensible)　26
凸関数 (convex function)　10
凸最適化問題 (convex optimization problem)　10
凸集合 (convex set)　10
凸性 (convexity)　10
凸2次最適化問題 (convex quadratic optimization problem)　12
トレードオフ (trade-off)　7
貪欲法 (greedy method)　45, **105**

な行
内点 (interior point)　98
内点法 (interior point method)　98
流れ保存則　52
ナップサック問題 (knapsack problem)　68
2次最適化問題 (quadratic optimization problem)　10, 101
2次錐最適化問題　101
2次割当問題 (quadratic assignment problem: QAP)　74
2頂点対最短路問題　50
2部グラフ (bipartite graph)　24

二分決定グラフ (binary decision diagram: BDD)　30
根 (root)　23
根つき木 (rooted tree)　24
ネットワーク　24
ネットワークシンプレックス法 (network simplex method)　54
ネットワーク問題　42

は行
配送計画問題　55
配置問題　70
花 (blossom)　90
パレート解 (Pareto solution)　8
ハンガリー法 (Hungarian method)　91
半正定値最適化問題 (semidefinite optimization problem)　12
反転操作　90
ヒープ (heap)　**87**, 106
非基底行列 (nonbasic matrix)　94
非基底変数 (nonbasic variable)　94
非決定性計算 (nondeterministic computation)　33
非決定性計算による多項式時間 (nondeterministic polynomial time)　33
非線形最適化問題 (nonlinear optimization problem)　9
非凸最適化問題 (nonconvex optimization problem)　10
被覆 (covering)　59
ピボット操作 (pivot operation)　94
非マッチング点　90
非マッチング辺　90
標準問題　15, 40, 42
ビンパッキング問題 (bin packing problem)　**69**, 110
フォード・ファルカーソン法 (Ford-Fulkerson method)　87
複雑性クラス (complexity class)　33
複雑性理論　30

負閉路除去法 (negative cycle canceling method) 88
プリム法 (Prim method) 45, **105**
フロー 51
フローショップ問題 (flow shop problem) 63
フロー増加法 (augmenting path method) 87
ブロッキングペア 80
分割 (partitioning) 59
分割統治法 104
分枝限定法 (branch and bound method) 102
分枝操作 (branching operation) 102
分離凸関数 (separable convex function) 29
並列機械問題 (parallel-machine problem) 63
閉路 (cycle) 23
ベルマン・フォード法 (Bellman-Ford method) 86
辺 (edge) 22

―法 (アルゴリズム)
 GA (genetic algorithm) 108
 MLS (multi-start local search) 108
 PSO (particle swarm optimization) 108
 SA (simulated annealing) 108
 TS (tabu search) 108
 アニーリング法 (simulated annealing: SA) 109
 遺伝的アルゴリズム (genetic algorithm: GA) 109
 エドモンズ法 (Edmonds algorithm) 91
 緩和法 (relaxation method) 17
 局所探索法 (local search algorithm) 107

近似解法 (approximation algorithm) 16, **104**
クラスカル法 (Kruskal method) 45, **106**
グリーディ法 105
ゲイル・シャプレーの解法 (Gale-Shapley) 80
厳密解法 (exact algorithm) 16, **102**
ジョンソン法 (Johnson's algorithm) 63, **106**
シンプレックス法 (simplex method) 94
ダイクストラ法 (Dijkstra method) 50, **86**
多スタート局所探索法 (multi-start local search: MLS) 108
タブー探索法 (tabu search: TS) 109
貪欲法 (greedy method) 45, **105**
内点法 (interior point method) 98
ネットワークシンプレックス法 (network simplex method) 54
ハンガリー法 (Hungarian method) 78, **91**
フォード・ファルカーソン法 (Ford-Fulkerson method) 52, **87**
負閉路除去法 (nagative cycle canceling method) 54, **88**
プリム法 (Prim method) 45, **105**
フロー増加法 (augmenting path method) 52, **87**
分枝限定法 (branch and bound method) 63, 67, 69, 70, **102**
ベルマン・フォード法 (Bellman-Ford method) 51, **86**, 89
メタヒューリスティックス (metaheuristics) 108
欲張り法 105

列生成法 (column generation algorithm) 110
ワーシャル・フロイド法 (Warshall-Floyd method) 51

補グラフ (complement graph) 24

ま行

マッチング (matching) 73
マッチング点 90
マッチング辺 90
マッチング問題 (matching problem) 73
路 (path) 23
無向木 (undirected tree) 23
無向グラフ (undirected graph) 23
メタヒューリスティックス (metaheuristics) 108
メディアン問題 (median problem) 71
メモ化 104
目的関数 (objective function) 4
モデリング言語 (modeling language) 123

―問題
　1機械スケジューリング問題 35
　1機械問題 (one-machine problem) 39, **61**
　1次元資材切出し問題 (1 dimensional cutting stock problem: 1DCSP) 39, **70**
　1品種最小費用流問題 39
　2-SAT 35
　2次最適化問題 (quadratic optimization problem) 10, 101
　2次錐最適化問題 101
　2次割当問題 (quadratic assignment problem: QAP) 39, **74**
　2頂点対最短路問題 39, **50**
　3-SAT 35
　3次元詰込み問題 39
　k-SAT問題 (k-SAT problem) 13
　n次元詰込み問題 39
　SAT 13
　TSP 57
　安定結婚問題 (stable marriage problem) 39, **80**
　安定マッチング問題 (stable matching problem) 39, **80**
　一般化割当問題 (generalized assignment problem) 39, **73**, 120
　運搬経路問題 (vehicle routing problem: VRP) 39, **55**, 120
　オイラー閉路問題 35
　オープンショップ問題 (open shop problem) 39, **63**
　重みつき最小頂点被覆問題 (minimum weighted vertex cover problem) 47
　重みつき集合被覆問題 39
　重みつき集合分割問題 39
　重みマッチング問題 39, **78**
　看護師スケジューリング問題 (nurse scheduling problem) 39, **64**
　緩和問題 (relaxation problem) 17
　距離制約つき経路問題 39
　切出し問題 (cutting problem) 39, **67**
　勤務スケジューリング問題 (rostering problem) 39, 61, **63**, 120
　組合せ最適化問題 (combinatorial optimization problem) 5, 6, 8
　グラフ問題 39, **42**
　経路問題 39, **55**
　決定問題 (decision problem) 35, 36

索引　133

混合整数最適化問題 (mixed integer optimization problem)　9, 84, 101
最小極大マッチング問題　35
最小重み完全マッチング問題 (minimum weight perfect matching problem)　39, **79**
最小重み最大マッチング問題　35
最小カット問題 (minmum cut problem)　46
最小木問題　39, **42**
最小全域木問題 (minimum spanning tree problem)　35, 39, **42**
最小頂点被覆問題 (minimum vertex cover problem)　35, 39, **46**
最小費用流問題 (minimum cost flow problem)　35, 39, 49, **53**, 89
最大安定集合問題 (maximum stable set problem)　35, 39, **48**
最大重み完全マッチング問題　**78**, 91
最大重み最大マッチング問題　35
最大重みマッチング問題 (maximum weight matching problem)　35, 39, **78**, 91
最大カット問題 (maximum cut problem)　39, **45**
最大クリーク問題　35, **48**
最大マッチング問題 (maximum matching problem)　35, 39, **76**, 90
最大流問題 (maximum flow problem)　35, 39, **51**, 88
最短路問題 (shortest path problem)　35, 39, **49**, 86
時間制約つき経路問題　39
施設配置問題 (facility location problem)　39, **70**, 120
集合被覆問題 (set covering problem: SCP)　39, **59**, 120
集合分割問題　35, 39, **59**

巡回セールスマン問題 (traveling salesman problem:TSP)　35, 39, **57**
乗務員スケジューリング問題 (crew scheduling problem)　39, **64**
ジョブショップ問題 (job shop problem)　39, **61**
スケジューリング問題 (scheduling problem)　39, **61**, 120
整数最適化問題 (integer optimization problem)　8, 35, **101**, 110
整数ナップサック問題　69
制約充足問題 (constraint satisfaction problem: CSP)　**13**, 35
制約つき最適化問題 (constrained optimization problem)　6
制約なし最適化問題 (unconstrained optimization problem)　6
線形最適化緩和問題 (linear optimization relaxation problem)　17
線形最適化問題 (linear optimization problem)　**9**, 35, 84, 93, 94, 98, 105, 110
センター問題 (center problem)　39, **71**
全点対最短路問題　39, **50**
多角形詰込み問題 (2 dimentional irregular stock cutting problem)　39, **70**
多品種最小費用流問題　39
多目的最適化問題 (multi objective optimization)　7
単一始点最短路問題　39, **50**
単目的最適化問題 (single objective optimization)　7
長方形詰込み問題 (rectangle packing problem)　39, **70**
詰込み問題 (packing problem)　39, **67**, 120

凸2次最適化問題 (convex quadratic optimization problem)　12
凸最適化問題 (convex optimization problem)　10
ナップサック問題 (knapsack problem)　35, 39, **68**, 102, 104, 107
ネットワーク問題　39, **42**, 86
配送計画問題　55
配置問題　39, **70**, 120
半正定値最適化問題 (semidefinite optimization problem)　12
非線形最適化問題 (nonlinear optimization problem)　**9**, 18, 101
非凸最適化問題 (nonconvex optimization problem)　10
ビンパッキング問題 (bin packing problem)　35, 39, **69**, 110
フローショップ問題 (flow shop problem)　39, **63**, 106
並列機械問題 (parallel-machine problem)　39, **63**
マッチング問題 (matching problem)　39, **73**
メディアン問題 (median problem)　39, **71**
容量制約なし配置問題　71
容量制約なし施設配置問題 (uncapacitated facility location problem)　39, **71**
離散最適化問題 (discrete optimization problem)　8
連続最適化問題 (continuous optimization problem)　6, 8
連続非線形最適化問題　18
連続非線形最適化問題 (主問題)　19
連続非線形最適化問題 [ラグランジュ双対問題]　20
割当問題 (assignment problem)　35, 39, **73**, 79, 120

や行
有向グラフ (directed graph)　23
容量制約条件　52
容量制約なし施設配置問題 (uncapacitated facility location problem)　71
欲張り法　105

ら行
ラグランジュ関数 (Lagrangian function)　19
ラグランジュ緩和 (Lagrangian relaxation)　17
ラグランジュ乗数 (Lagrange multiplier)　19
ラグランジュ双対問題 (Lagrange dual problem)　20
離散構造 (discrete structure)　22
離散最適化問題 (discrete optimization problem)　8
離散凸解析 (discrete convex analysis)　25
離散凸関数 (discrete convex function)　25
離散凸性 (discrete convexity)　10
リテラル (literal)　13
粒子群最適化 (particle swarm optimization: PSO)　109
隣接行列 (adjacency matrix)　77
ルート (route)　55
列挙法 (enumerated method)　29
列生成法 (column generation algorithm)　110
連結 (connected)　23
連言標準形 (conjunctive normal form)　13
連続緩和 (continuous relaxation)　17
連続最適化問題 (continuous optimization problem)　6, 8
連続非線形最適化問題　18

索　引　135

連続非線形最適化問題（主問題） 19
連続非線形最適化問題［ラグランジュ双
 　対問題］ 20

わ行

ワーシャル・フロイド法
 　(Warshall-Floyd method) 51
割当問題 (assignment problem) 73

著者紹介

穴井 宏和（あない ひろかず） 博士（情報理工学）
- 1989 年 鹿児島大学理学部物理学科卒業
- 1991 年 鹿児島大学大学院理学研究科物理学専攻修士課程修了
- 現　在 （株）富士通研究所 人工知能研究所 プロジェクトディレクター
　　　　九州大学マス・フォア・インダストリ研究所 訪問教授
　　　　国立情報学研究所 客員教授

斉藤 努（さいとう つとむ） 理学修士
- 1989 年 東京工業大学理学部情報科学科卒業
- 1991 年 東京工業大学大学院理工学研究科情報科学専攻修士課程修了
- 2002 年 技術士（情報工学）登録
- 現　在 （株）ビープラウド IT コンサルタント

NDC417　142p　21cm

今日から使える！組合せ最適化
離散問題ガイドブック

2015 年 6 月 22 日　第 1 刷発行
2022 年 8 月 10 日　第 6 刷発行

著　者　穴井 宏和・斉藤 努
発行者　髙橋明男
発行所　株式会社 講談社　KODANSHA
　　　　〒112-8001　東京都文京区音羽 2-12-21
　　　　　販売　(03)5395-4415
　　　　　業務　(03)5395-3615
編　集　株式会社 講談社サイエンティフィク
　　　　代表　堀越俊一
　　　　〒162-0825　東京都新宿区神楽坂 2-14　ノービィビル
　　　　　編集　(03)3235-3701
本文データ制作　藤原印刷株式会社
印刷・製本　株式会社ＫＰＳプロダクツ

落丁本・乱丁本は，購入書店名を明記のうえ，講談社業務宛にお送りください．送料小社負担にてお取替えします．なお，この本の内容についてのお問い合わせは，講談社サイエンティフィク宛にお願いいたします．定価はカバーに表示してあります．

©Hirokazu Anai and Tsutomu Saito, 2015

本書のコピー，スキャン，デジタル化等の無断複製は著作権法上での例外を除き禁じられています．本書を代行業者等の第三者に依頼してスキャンやデジタル化することはたとえ個人や家庭内の利用でも著作権法違反です．

JCOPY　〈(社) 出版者著作権管理機構 委託出版物〉

複写される場合は，その都度事前に（社）出版者著作権管理機構（電話 03-5244-5088, FAX 03-5244-5089, e-mail: info@jcopy.or.jp）の許諾を得てください．

Printed in Japan

ISBN 978-4-06-156544-9

講談社の自然科学書

数理最適化の実践ガイド
穴井 宏和・著
A5・158頁・定価3,080円

ツールがすでに提供されている手法の何を理解し、どう選び、どう使いこなすか。システム、アルゴリズム、工程、モデル、装置、…最適化するべき課題をもつ人のための道案内。企業研究者が現場で実感した知恵を伝授する。

イラストで学ぶ 人工知能概論 改訂第2版
谷口 忠大・著
A5・352頁・定価2,860円

ホイールダック2号再び！ 寝転んで読めてしまうと親しまれてきた、初学者向けの名著を大改訂！「深層学習」の章を新設し、いまの時代をしっかり見据えて、全面的に記述を見直した。まずは、この1冊から始めよう！

はじめての制御工学 改訂第2版
佐藤 和也／平元 和彦／平田 研二・著
A5・334頁・定価2,860円

「この本が一番分かりやすかった！」と大好評の古典制御の教科書の改訂版。オールカラー化で、さらに見やすく。より丁寧な解説で、さらに分かりやすく。章末問題も倍増で、最高最強のバイブルへパワーアップ！

予測にいかす統計モデリングの基本 改訂第2版
ベイズ統計入門から応用まで
樋口 知之・著
A5・175頁・定価3,080円

フルカラー化、非定常時系列データの基礎事項の加筆で、名著がリニューアル！ ベイズ統計に入門した読者を粒子フィルタ、データ同化まで導く。統計のプロである著者による「匠の技」、「知恵」伝授のコラムも多数収録。

機械学習プロフェッショナルシリーズ　杉山 将・編

深層学習 改訂第2版
岡谷 貴之・著
A5・384頁・定価3,300円

ベストセラーの改訂版。最高最強のバイブルが大幅にパワーアップ！ トランスフォーマー、グラフニューラルネットワーク、生成モデルなどをはじめ、各手法を大幅に加筆。深層学習のさまざまな課題とその対策についても詳説。

劣モジュラ最適化と機械学習
河原 吉伸／永野 清仁・著
A5・184頁・定価3,080円

現在の計算機環境で十分実用的な例を中心に、機械学習で主要な問題への適用を述べる。NP困難な組合せ最適化そのものだけでなく、データ構造の問題を劣モジュラ最適化に帰着させる手順も解説。高速アルゴリズムを目指す。

確率的最適化
鈴木 大慈・著
A5・174頁・定価3,080円

教師あり学習や凸解析の復習から、大量データ解析に有用な並列分散確率最適化までを1冊で。広く知られている技法も新しいトピックも、丁寧な解説できちんと理解できる。式の成り立ち、アルゴリズムの意味がわかる。

機械学習のための連続最適化
金森 敬文／鈴木 大慈／竹内 一郎／佐藤 一誠・著
A5・351頁・定価3,520円

おだやかではない。かつてこれほどの教科書があっただろうか？「制約なし最適化」「制約付き最適化」「学習アルゴリズムとしての最適化」という独自の切り口で、機械学習に不可欠な基礎知識が確実に身につく！

※表示価格には消費税（10%）が加算されています。

「2022年7月現在」

講談社サイエンティフィク　https://www.kspub.co.jp/